U0889052

中国地震局地震科普图书精品创作工程

院 士 谈 减 轻 自 然 灾 害

减轻自然灾害

MITIGATION OF NATURAL DISASTERS

陈 颙 著

地 震 出 版 社

图书在版编目（CIP）数据

减轻自然灾害 / 陈颙著 . -- 北京 : 地震出版社，2020.5

（院士谈减轻自然灾害）

ISBN 978-7-5028-5194-1

Ⅰ. ①减… Ⅱ. ①陈… Ⅲ. ①自然灾害—灾害防治—普及读物 Ⅳ. ① X43-49

中国版本图书馆 CIP 数据核字（2020）第 051423 号

地震版 XM4625

减轻自然灾害

陈 颙 著

责任编辑：董 青

责任校对：刘 丽

出版发行：地 震 出 版 社

北京市海淀区民族大学南路 9 号　　邮编：100081

发行部：68423031 68467993　　传真：88421706

门市部：68467991　　传真：68467991

总编室：68462709 68423029　　传真：68455221

http: //seismologicalpress.com

经销：全国各地新华书店

印刷：北京地大彩印有限公司

版（印）次：2020 年 5 月第一版 2020 年 5 月第一次印刷

开本：787 × 1092 1/16

字数：100 千字

印张：4.25

书号：ISBN 978-7-5028-5194-1/X(5914)

定价：58.00 元

前言 Preface

自然灾害是当今世界面临的重大问题之一，严重影响经济、社会的可持续发展，威胁人类的生存，同自然灾害抗争是人类生存发展的永恒课题。减轻自然灾害已经成为全社会最关心的话题之一，成为社会安全的重要组成部分。科学认识致灾规律，弘扬生命至上、安全第一的思想，健全公共安全体系，从预防与减轻灾害向减轻灾害风险转变，实现人与自然和谐共处。

本书的内容大致分两部分，首先，谈对自然灾害的科学认识，主要从科学的角度介绍灾害物理学和灾害哲学，这部分对于从事减灾的领导和科技人员非常有用；第二部分面对社会公众，介绍世界历史上的近三十个大灾害，真实地展现当前人类面临的几种主要自然灾害的灾害场景。

我在这本书的主要工作是设计了一个框架，一个逻辑清楚、内容全面的框架。从这个框架，我们一起认识这几点：

1. 地球从诞生开始就是活动的，自然灾害是地球异常活动作用于人类社会的必然结果。

2. 自然灾害的必然性决定了它只可减轻，难以避免。

3. 自然灾害的轻重取决于三个因素——致灾因子、承灾体以及承灾体对致灾因子的易损性。

4. 致灾因子分别赋存于地球上部的三个圈层——岩石圈、水圈、大气圈，由此决定了不同灾害的物理学变化。

5. 自然灾害的轻重程度还受制于社会经济和科技发展水平以及人口分布的密度。

6. 虽然不同灾害产生的原因不同，特点也不同，但减轻自然灾害的策略仍有共同规律可循——“减灾三部曲”：灾害危险性评估、灾害应急预案、增强社会抵御灾害能力。较为有效的方式是：小灾靠自救，中灾靠互救，大灾靠国家。

此前，我对主要自然灾害按灾种（地震灾害、火山灾害、海啸灾害、滑坡灾害、空间灾害）分别编写了知识读本，这一本专门谈减灾，是减灾科普系列的有机组成部分，也可以看作是写作这个系列的出发点和归宿。我们理解了人类社会与其赖以生存的地球之间的共存关系，更好地领悟自然灾害的真谛，才能把握应对自然灾害的策略，服务于人类社会发展的需要。

编　者

2020年初春

目录 Contents

严峻的自然灾害

■ 概述

慕尼黑再保险公司（Munich Re Group）统计了全球的自然灾害，发现从1980—2010年的30多年间，灾害有不断增长的趋势。

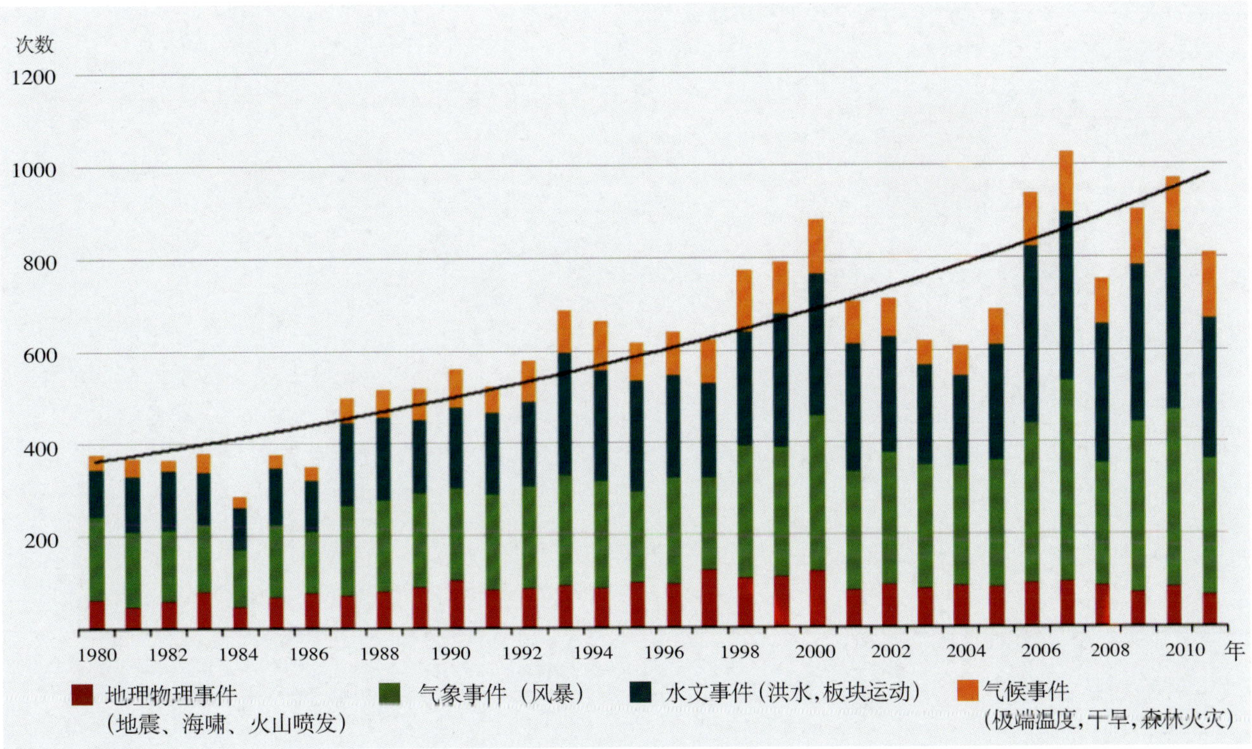

1980—2010 年全球发生自然灾害的次数和趋势统计（Munich Re Group，2012）

2018年10月11日，联合国国际减灾战略署（UNISDR）发布报告称自然灾害正在急剧增加。1998—2017年期间，全球发生重大自然灾害7255件，全世界因为自然灾害死亡130万人，还有44亿人受伤或失去生计。同期造成的经济损失为2.9万亿美元，比上一个20年（1978—1997年）增加2.2倍。

1998—2017年期间，从国别来看，美国遭受的经济损失最大，达9448亿美元，2005年和2017年的飓风袭击给美国造成严重破坏。第二位是受到1998年大洪水和2008年5月12日汶川大地震袭击的中国，损失达4922亿美元。受到2011年“3・11大地震”袭击的日本则位列第三。经济损失额是根据各国的报告统计而来。由于许多国家，特别是低收入国家受损不明，所以UNISDR

认为，这些国家实际的损失可能要大得多。同时，与高收入国家相比，防灾准备不足的低收入国家的民众伤亡率也更高。

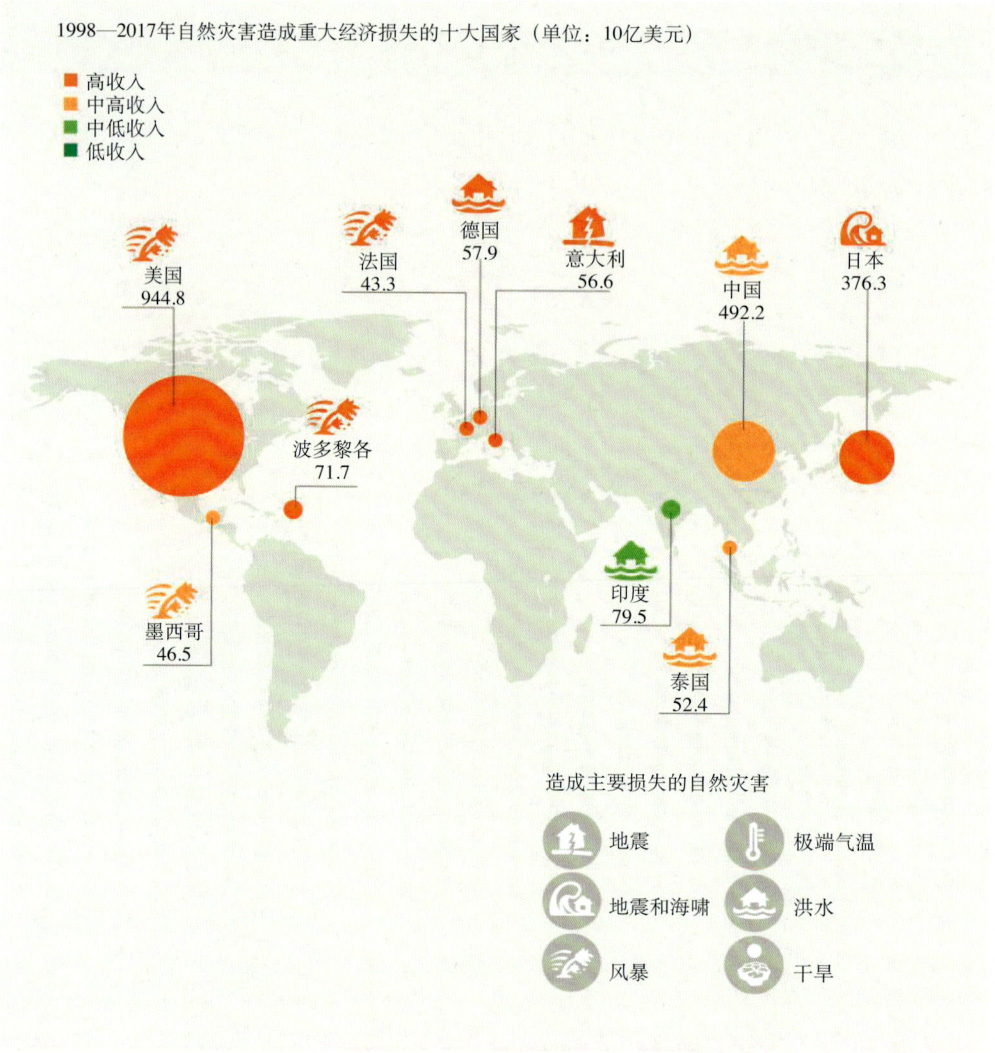

1998—2017 年，全世界有 130 万人死于自然灾害，44 亿人受伤或失去生计，造成经济损失 2.9 万亿美元，比上一个 20 年（1978—1997 年）增加 2.2 倍。图中给出自然灾害造成重大经济损失的十个国家（单位：10 亿美元）

（来源：联合国国际减灾战略署（UNISDR）报告，2018 年 10 月 11 日）

联合国表示，只有大约三分之一的灾害损失实现了可靠的记录和量化。就联合国此次统计而言，美国的自然灾害经济损失最大，因为美国的房屋和基础设施相比其他许多国家贵得多。

德国在1998—2017年因自然灾害造成约580亿美元的损失，国际排名前十，居欧洲首位，主要是洪水灾害所致。欧洲自然灾害造成损失较大的国家还有：法国（风暴）和意大利（地震）等。

2004 年印度尼西亚海啸袭击了印度洋周围的许多国家，遇难人数超过 30 万人。这张《临时停尸间》图片引自美国《时代》杂志。图片反映的是在印度尼西亚海啸中，医务工作者将泰国的一座寺庙用作临时停尸间，正在使用干冰来防止遇难者的遗体腐烂

联合国国际减灾战略署（UNISDR）2016 年的一份研究报告《贫穷与死亡：1996—2015 灾害死亡率》指出，自然灾害导致的死亡人数与收入及发展水平直接相关；过去 20 年中，中低收入国家死于自然灾害的人数为 122 万，占全球总比例的 90%

仅仅通过灾难造成的经济损失来计算灾难的严重程度没有代表性。发展中国家由于物价和劳动力价格低廉，往往核算出的灾难经济损失相对低得多。一位作家Debarati Guha曾说，被灾难真正影响到的往往是穷人中的穷人。对他们来说，自然灾害危及的是生命。因此，从灾害导致的人口伤亡来统计，遭受损失最大的绝不是美国，而是发展中的国家。

■ 产生自然灾害的要素

自然灾害是指由于自然界的异常变化超出了人类社会的承受能力，从而造成人员伤亡、财产损失、社会失稳、资源破坏等现象。自然灾害形成的第一个必备条件是自然的异常变化超出了人类能够承受的范围，这种异常变化所具备的破坏力称为致灾因子。

自然灾害形成的第二个条件，是破坏力一定要有承受对象，即要有受到损害的人、财产、资源作为受灾的客体。我们称这些被破坏对象为承灾体。

自然灾害能否形成，很大程度取决于承灾体抗御致灾因子的能力，称之为易损性。易损性弱，灾害就小；反之，灾害就大。

因此，致灾因子的大小、承灾体的体量、易损性的强弱，是共同决定自然灾害轻重程度的三个要素。

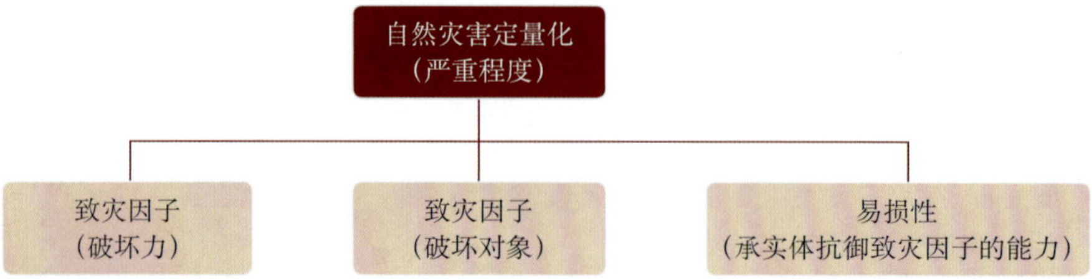

图为自然灾害的定量化示意。自然灾害是由自然致灾因子、承灾体和致灾因子对承灾体的易损性三要素共同决定的，灾情是三要素相互作用的结果。因此，致灾因子的大小 + 承灾体的体量 + 易损性的强弱⇒自然灾害的轻重程度

自然灾害中既有地震、火山喷发、泥石流、海啸、台风、龙卷风、洪水等突发性灾害，也有地面塌陷、地面沉降、土地沙漠化、干旱、海岸线变化等在较长时间中才能逐渐显现的渐变性灾害，还有臭氧层变化、水体污染、水土流失、酸雨等人类活动导致的环境灾害。这些自然灾害和环境破坏之间又有着复杂的相互联系。人类要从科学的意义上认识这些灾害的发生、发展以及尽可能减小灾害所造成的危害，已成为国际社会的一个共同主题。

自然灾害的致灾因子（破坏力）——活动的地球

地球大约在46亿年前形成，随着放射性元素衰变和引力势能的释放，地球内部逐渐升温，成为黏稠的熔融状态。在重力作用下，较重的物质渐渐地聚集到地球的中心部位，形成地核；较轻的物质则悬浮于地球的表层，18亿年前形成覆盖地球整个表面的岩石圈，此后又逐渐演化出地球的水圈和大气圈。关于地球的形成和演化的学术讨论经历了几百年，有着多种不同的见解，但是，所有不同的见解有一个共同点：即地球是一颗活动的星球，每时每刻都在发生变化，过去46亿年如此，现在依然如此。今天的地球正处于星球演化的壮年活动期，时刻都在不断发生变化。一旦地球的变化出现异常，而且这种异常变化超出了人类社会的承受能力，就会造成人员伤亡、财产损失、社会失稳、资源破坏等现象，从而形成灾害。

■ 地球岩石圈的致灾因子

地球表面被固体岩石组成的岩石圈所包围。地球的岩石圈不是完整的一块，而是由许多板

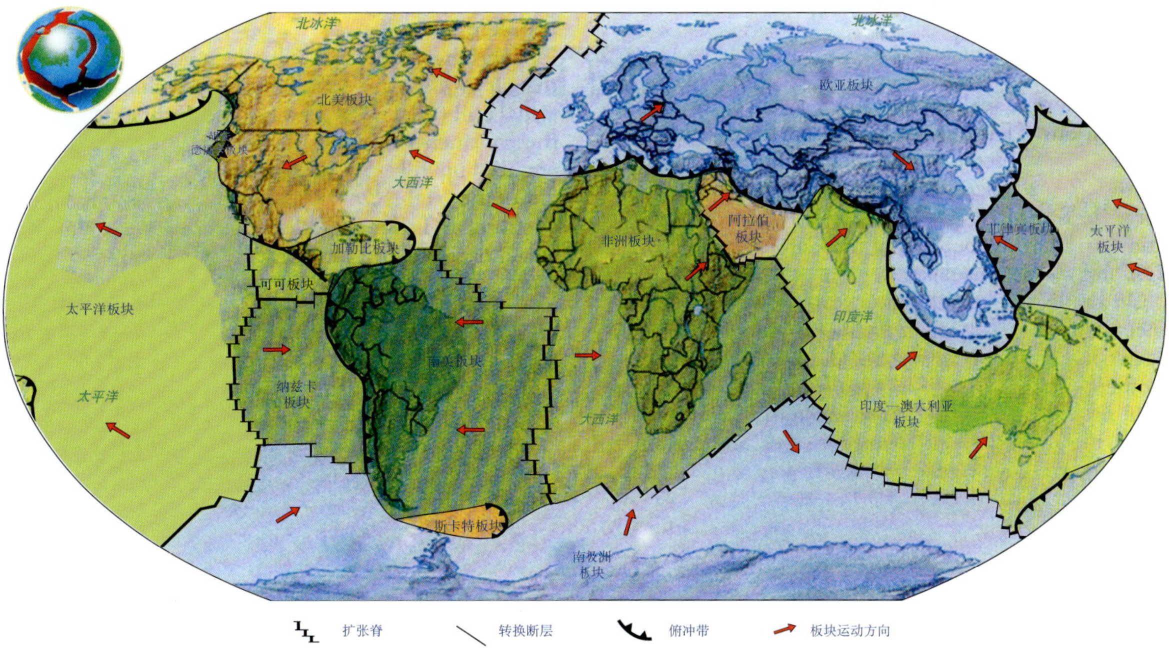

地球岩石圈主要分成了七个大板块：非洲板块、欧亚板块、印度—澳大利亚板块、太平洋板块、南极洲板块、北美板块和南美板块。图中还给出了一些较小板块。三种不同板块的边界在图中用不同的线条表示。这些板块的边界是大量地震和火山的发生地。在一块板块的内部也有不用形式的运动，如造山、沉降等
（据 Davidson J.P.et al., 2002 改绘）

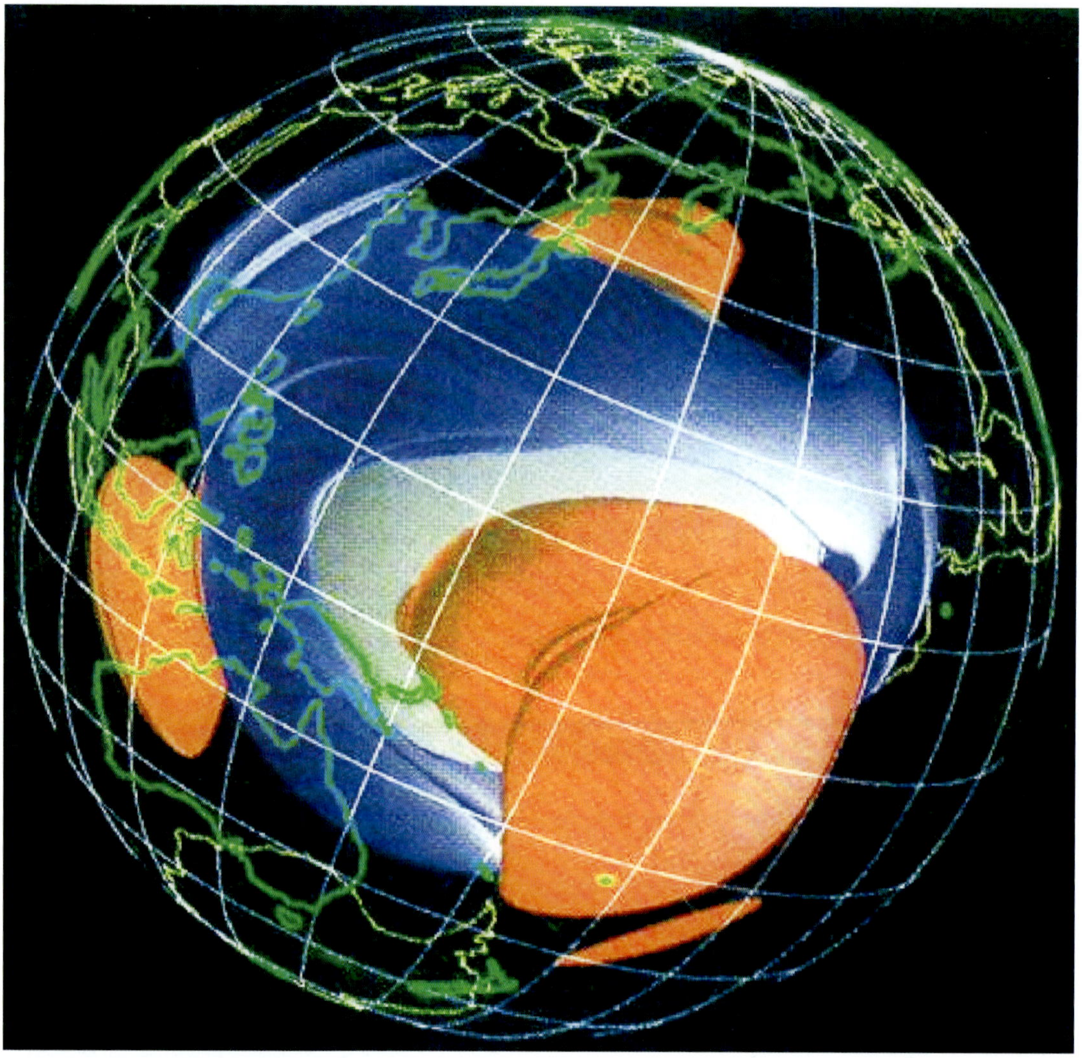

在太平洋中部，高温的物质上升，而环太平洋区域则是低温下沉区，这清楚地显示了地球内部的热对流。天空中多数星体都像一个刚体（例如一块石头）一样在宇宙空间运动，这个刚体内部没有任何变化。可地球则不然。地球在宇宙空间运动的同时，它的内部发生着相对运动和相对变化，甚至是激烈的运动和变化。地球是个充满活力的活动的星球，这是地球区别于多数星体的地方。正因为地球在不断运动之中，所以才会出现异常活动

块组成。这些板块不断地相互运动，大量的地震和火山就发生在这些板块的边界。在同一板块内部，也有造山、沉降等不同形式的运动。

岩石圈异常变化引起的自然灾害主要有：地震、火山、滑坡、泥石流、地面塌陷等现象。

现在人们对致灾因子的大小有了定量的描述。地震的破坏力（致灾因子）用地震震级来表示。震级是表征地震强弱的量度，与地震所释放的能量有关。释放的能量越大，地震震级也越大。

地震波能量计算公式：

$$\lg E = 11.8+1.5M$$

E：弹性波能量，约相当于总能量的1/10

M：震级

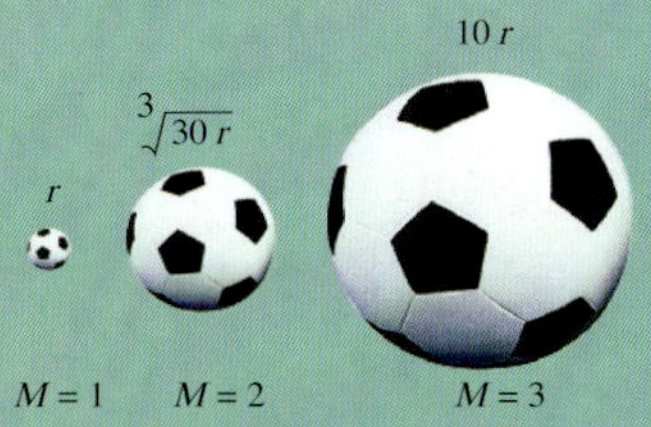

震级相差一级，释放的能量相差很大

震级	相当能量的 TNT 炸药量/t	相当于 20 000 t 原子弹的颗数
5.5	20 000	1 ×
6.0	120 000	6 ×
7.0	3 600 000	180 ×
7.8	56 000 000	2 800 ×
8.0	112 000 000	5 600 ×

地震的破坏力（致灾因子）用地震震级 M 来表示。5 级以上的地震会造成破坏。震级每相差 1.0 级，能量相差大约 32（$10^{1.5}$）倍；一个 6 级地震释放的能量相当于 32 个 5 级地震，而一个 7 级地震则相当于 1000 个 5 级地震。目前世界上最大的地震的震级为 9.5 级（1960 年智利地震）

火山的破坏力（致灾因子）的强度用火山喷发指数来表示，世界上喷发最强烈的火山指数为Ⅷ。

火山喷发指数（H. Tsuya，1995）

喷发指数	喷出物体积（km^3）
Ⅷ	>100
Ⅶ	10～100
Ⅵ	1～10
Ⅴ	0.1～1
Ⅳ	0.01～0.1
Ⅲ	0.001～0.01
Ⅱ	0.0001～0.001
Ⅰ	0.00001～0.0001
0	0.000001～0.00001

■ 地球水圈的致灾因子

地球上的江、河、湖、海以及冰川组成了地球的水圈。这是地球区别于其他的星球的又一个重要的方面。离太阳太远的星球温度太低，水不可能以流体和气体状态存在；离太阳太近的星球温度太高，水不可能以固体状态存在。其他星球也可能有水圈，但只有地球上的水才以水（液态）、冰（固态）和水蒸气（气态）三种状态存在。

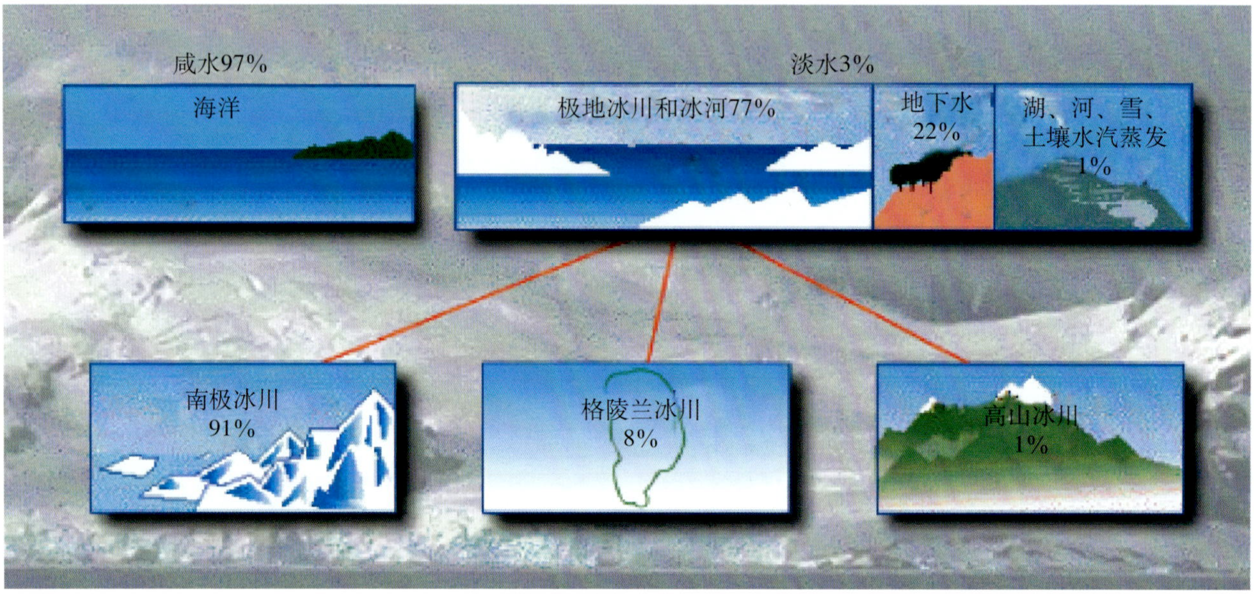

地球上最大的水资源是海洋上的咸水，占 97%，淡水只占 3%。淡水资源中有 77%在冰川里面，这些冰川主要分布在格陵兰、南极和一些高山上面。在淡水资源中，江、河、湖泊水等占 1%，也就是说实际上在水圈里面比较活跃的只是 3%里面的 1%。一旦这少量的淡水循环发生异常变化，便可能形成巨大的自然灾害

水圈是地球上（包括地表、地下和大气中）液态水、固态水及气态水的总称。从太空来看， 地球是一颗“海洋的行星”，如果把它叫作“水球”也许更为合适，因为海洋面积约占了地球表面积的70.8%，海洋平均深度为3800m。地球上的水在不断地进行着循环，水循环的结果形成了水在地球表面相对稳定的分布。大约97%的水在海洋中；在剩下的3%的水中，77%储存在冰川里，22%为地下水，而河流、湖泊中的水量不到1%，但洪水是一种比较频繁的自然灾害，它是由河流泛滥造成的。从地球上水的总体来看，河流中的水占地球上水总量的千分之一都不到。但水的分布的微小变动，就可以产生巨大的自然灾害，可见地球真是一个整体，牵一发足以动全身。因此，在讨论自然灾害时，一定要有地球的整体观。

水多，会引发洪水灾害；水少，会引发干旱灾害。因此，国际减灾委在 1997 年提出的减灾口号是：水，太多、太少——都会造成自然灾害。(a) 水多：2008 年 6 月，美国密西西比河洪水泛滥；(b) 水少：20 世纪 60 年代末期，在非洲撒哈拉沙漠周围一些国家发生了特大干旱

水圈异常变化引起的自然灾害主要有：洪水、干旱、海啸、雪崩等。

洪水灾害是指特大的径流而言，这种径流往往因河槽不能容纳而泛滥成灾，成为对人类社会的一种破坏因子。根据洪水形成的水源和发生时间，一般可将洪水分为春季融雪洪水和暴雨洪水两类。

根据国家标准《水文情报预报规范》（GB/T 22482—2008），按洪水要素重现期<5年、5～20年、20～50年、>50年，将洪水分为小洪水、中洪水、大洪水、特大洪水四个等级。估计重现期的洪水要素项目包括洪峰水位（流量）或时段最大洪量等，可依据河流（河段）的水文特性来选择。

■ 地球大气圈的致灾因子

在地球引力作用下，大量气体聚集在地球周围，形成数千千米厚的大气圈（离地面100km的地方可看成地球大气与外界空间的边界，称为Karman线，大气圈质量的99.99997%集中在Karman线以下）。气体密度随离地面高度的增加而变得越来越稀薄。

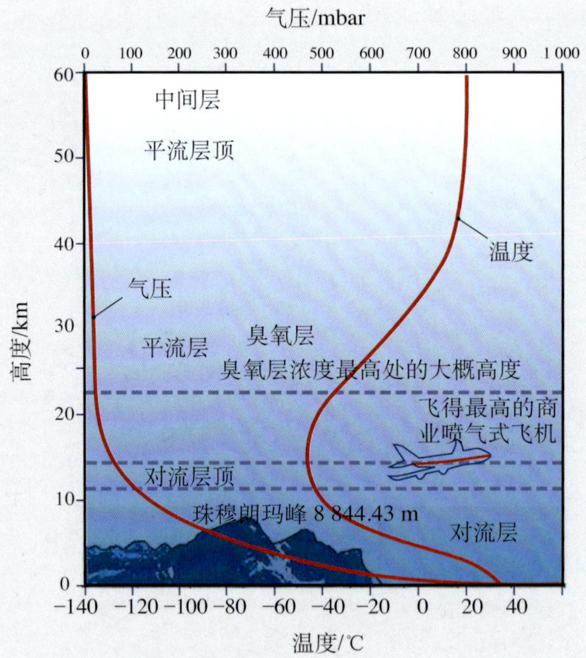

接近地球表面的一层大气，其间空气的移动是以上升气流和下降气流为主的对流运动，叫作“对流层”。它的厚度不一，在地球两极上空为 8km，在赤道上空为 17km，是大气中最稠密的一层。大气中的水汽几乎都集中于此，这里是展示风云变幻的“大舞台”：刮风、下雨、降雪等天气现象都发生在对流层内

从卫星上看到的蓝色地球大气圈。有人把离地面 100km 的地方看成是地球大气与外星空间的边界，把它叫作 Karman 线

大气圈异常变化引起的自然灾害主要有：台风（美洲称飓风）、龙卷风、风暴潮等。

风对人类的生活具有很大影响，它可以用来发电，帮助致冷和传授植物花粉。但是，当风速和风力超过一定限度时，它则给人类带来巨大灾害，成为一种破坏力。风力是指风吹到物体上所表现出的力量的大小。一般根据风吹到地面或水面的物体上所产生的各种现象，把风力的大小分为18个等级，最小是0级，最大为17级。

风力等级对照表

风力等级	名称	风速/（$m \cdot s^{-1}$）	风速/（$km \cdot h^{-1}$）	陆面地面物象
0	无风	0～0.2	<1	静，烟直上
1	软风	0.3～1.5	1～5	烟示方向
2	轻风	1.6～3.3	6～11	感觉有风

续表

风力等级	名称	风速/（m·s^{-1}）	风速/（km·h^{-1}）	陆面地面物象
3	微风	3.4～5.4	12～19	旌旗展开
4	和风	5.5～7.9	20～28	吹起尘土
5	劲风	8.0～10.7	29～38	小树摇摆
6	强风	10.8～13.8	39～49	电线有声
7	疾风	13.9～17.1	50～61	步行困难
8	大风	17.2～20.7	62～74	折毁树枝
9	烈风	20.8～24.4	75～88	小损房屋
10	狂风	24.5～28.4	89～102	拔起树木

风力等级	名称	风速/（$m \cdot s^{-1}$）	风速/（$km \cdot h^{-1}$）	陆面地面物象
11	暴风	28.5～32.6	103～117	损毁重大
12	飓风	>32.6	>117	摧毁极大
13		37.0～41.4	132～148	
14		41.5～46.1	149～165	
15		46.2～50.9	16～182	
16		51.0～56.0	183～200	
17		56.2～61.2	201～220	

注：本表所列风速是指平地上离地10m处的风速值。

2007 年 5 月，龙卷风以每小时近 300km 的速度袭击了美国堪萨斯州的格林斯堡小镇。龙卷风过后一片狼藉，到处是龙卷风肆虐的痕迹。一位坐在汽车中的现场目击者说：“车子突然动起来，慢慢地往池塘方向移去。我刚想跳下车，却骇然发现猪圈的棚顶打着转儿飞了起来。猪都伏在地上，不敢动弹。”

■ 致灾因子的强度和频度：大灾损失大，但次数少；小灾次数多

地球圈层中各种异常变化，在超出人类社会的承受能力时，就变成了一种破坏力。尽管圈层不同，但这些破坏力有一个共同的特点，大的破坏力出现的次数少，小的破坏力出现的次数多。

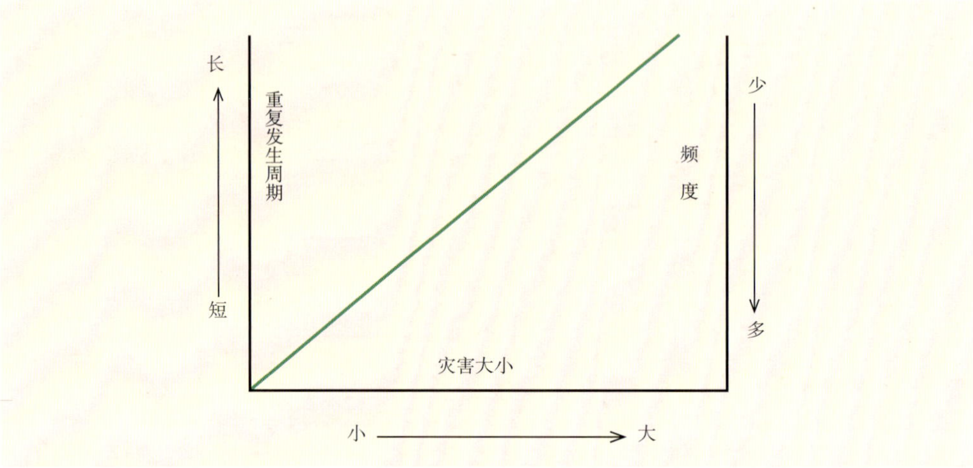

不同圈层出现的各种破坏力有一个共同的特点：大的破坏力出现的次数少，小的破坏力出现的次数多。因此，大灾重复发生的周期长，小灾重复发生的周期短。对于固定的一段时间，大灾少，小灾多

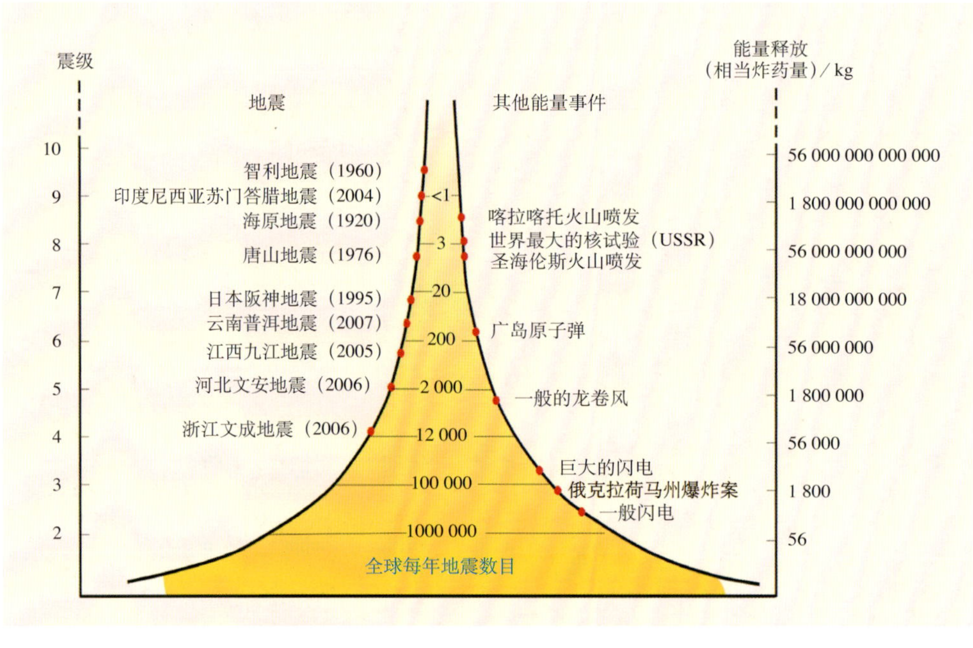

以地震震级和频度之间的关系为例，大地震频度低，小地震频度高。像 2004 年印度尼西亚苏门答腊 9 级地震，全球平均一年只会发生一次；但 1995 年日本阪神 7 级地震，全球每年平均要发生二十几次（资料来源：引自美国地震学联合研究会（IRIS），本书已做修改）

自然灾害的承灾体
——人口的增长和社会的发展

自然灾害形成的第二个条件，是破坏力一定要有被破坏对象。我们称这些被破坏对象为承灾体。承灾体中至少有两方面的重要内容，一是灾害对人类造成的伤亡，二是对社会财富的破坏。

■ 人口的分布和人口的增长

人是承灾体中最重要的部分。中国地理学家胡焕庸（1901—1998）在1935年提出从东北黑河到云南腾冲连线作为我国人口密度的对比线，国际上称其为胡焕庸线，它揭示了中国人口分布规律。该线东南半壁占全国国土面积的44%、占总人口的96%。因此，东部地区是中国减轻自然灾害最重要的地区。

(a)

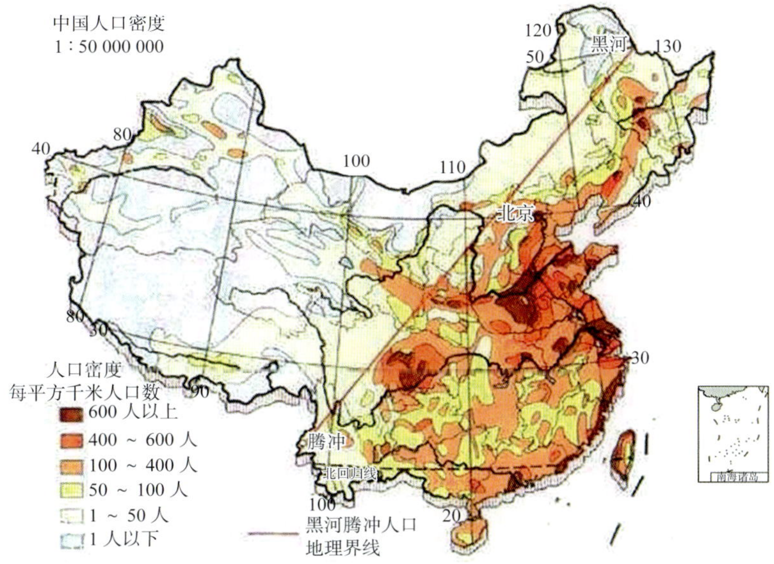

(b)

（a）胡焕庸，他于 1935 年提出从东北黑河到云南腾冲连线作为我国人口密度的对比线，国际上称其为胡焕庸线。该线东南半壁占全国国土面积 44%、占总人口的 96%。（b）中国人口密度分布图（2000）。2000 年我国第 5 次人口普查数据：该线东南半壁占全国国土面积的 43.8%，占总人口的 94.1%，“胡焕庸线”两侧的人口分布比例，与 70 年前相差不到 2%。但是，在线之东南生存的人口已经将近当年的 4.3 亿的 3 倍

胡焕庸线不仅是人口界线，同时也是一条中国生态环境界线。胡焕庸线与400mm等降水量线重合，线东南方是经济发达地区，是承灾体的主体地区；线西北方地区人口密度极低，滑坡、泥

石流等地貌灾害分布集中，是自然灾害防治的重点地区，也是脱贫攻坚的主要工作地区。

2000年我国第5次人口普查发现，“胡焕庸线”之东南生存的人口已经远不是当年的4.3亿，而是12.2亿！人口的增长，使得被破坏对象迅速变大，在自然破坏力不变的情况下，自然灾害会越来越严重，这是在减轻自然灾害时面临的严峻问题。

除了人口的快速增长，世界人口城市化的发展，也给减轻自然灾害提出了新的问题。

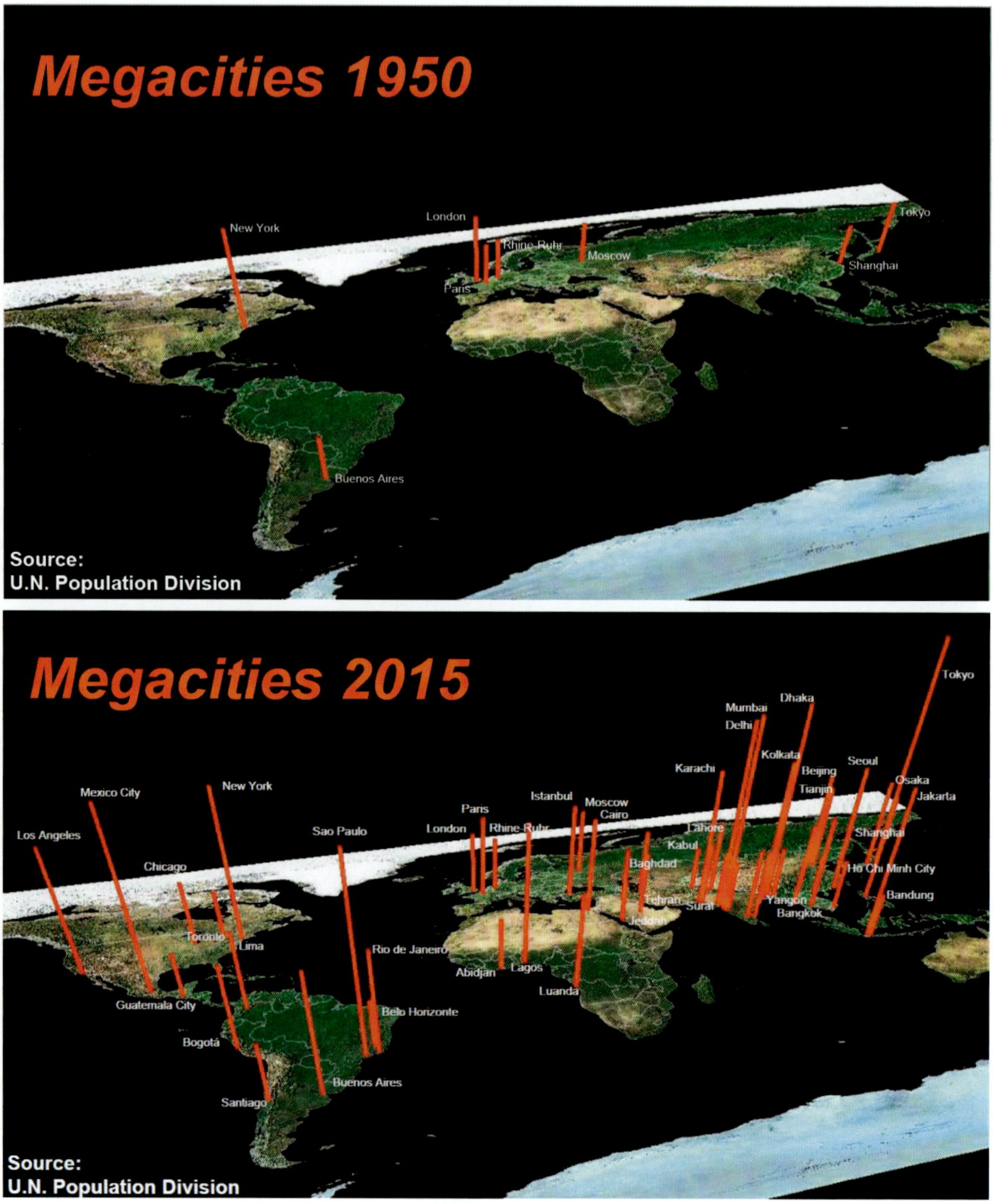

世界人口城市化的发展越来越显著。世界上人口超过 1000 万的大城市：1950 年 8 个，2015 年 46 个

■ 社会财富和社会的快速发展

社会财富也是承灾体的重要组成部分。显然，同样的致灾因子发生在社会财富多的地方，灾害损失就越大。

什么是社会财富？经济学家们为此争论了几百年，目前仍有许多不同的说法。从减轻自然灾害的角度，我们这里的社会财富（social wealth）是指劳动者在生产过程中创造的、对人具有使用价值的劳动产品；是指进入社会生产、生活领域具有使用价值和价值的物质。

社会财富的内容很多，如何衡量呢？日本经济学家Shiono在1995年的《日本经济年鉴》发表了1955—1993年间日本的社会财富和日本的GDP比较图。两者的变化趋势十分相同，这给用GDP作为社会财富的间接测量提供了依据。

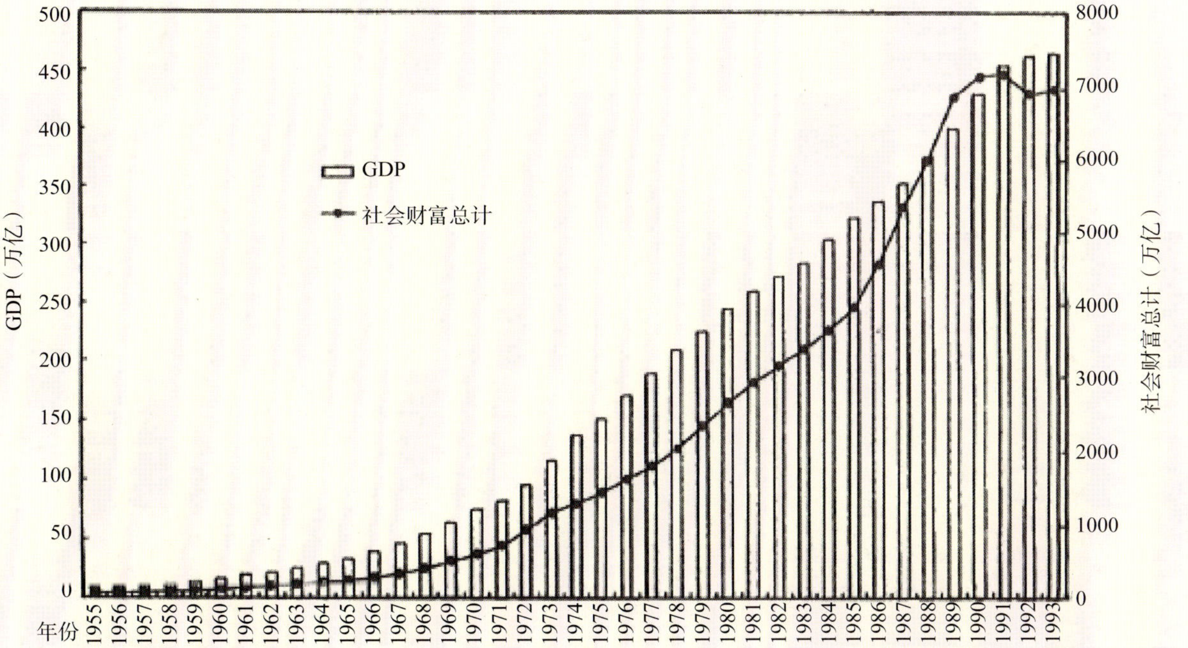

1955—1993 年日本社会财富（total national social wealth）和日本国家 GDP（Gross Domestic Product）的对比。图中的黑线代表了各年的社会财富，而矩形柱代表了各年的 GDP，它是指一个国家（或地区）所有常住单位在一定时期内生产的全部最终产品和服务价值的总和，常被认为是衡量国家（或地区）经济状况的指标。两者的变化趋势十分相同（K.Shiono，Bulletin of statistics of Japan，1995）

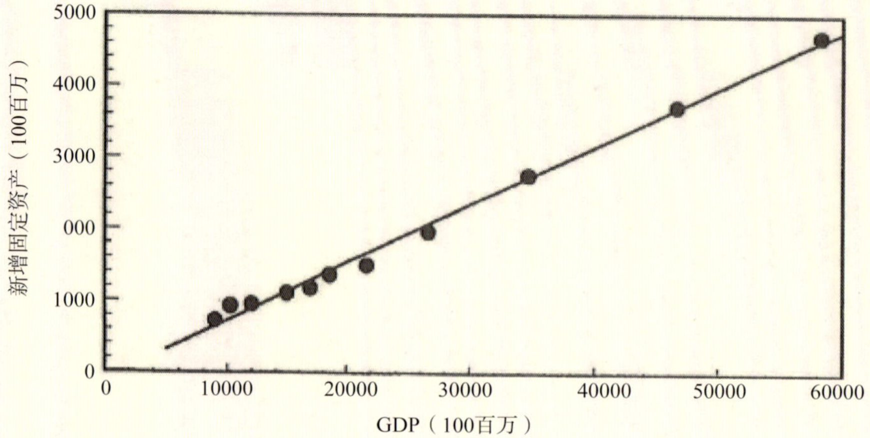

另一个说明社会财富和 GDP 关系的数据来自中国。1985—1995 的 11 年间，中国的新增固定资产（社会财富的增量）和当年的 GDP 呈现了线性关系（每个黑点代表一个年份的数据）
（资料来源：国家统计局，1996）

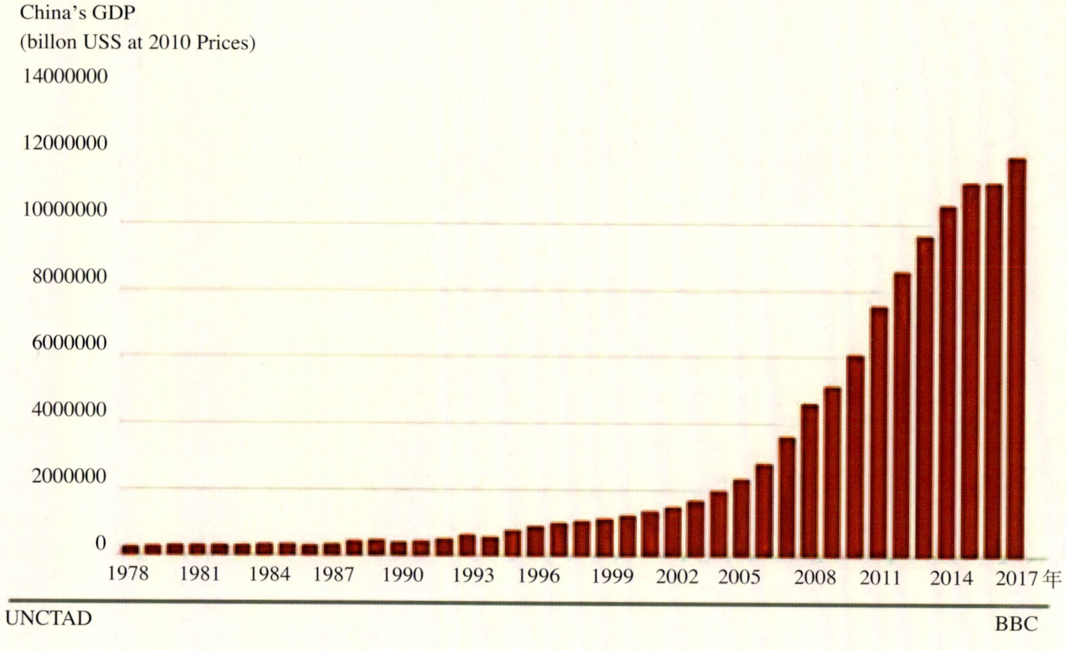

用 GDP 作为社会财富的间接测量，社会财富的增长可以从中国的国内生产总值 GDP 的发展趋势看出。近 40 年，中国的 GDP 已超过了 1.5 万亿美元（2010 年美元不变价），居全世界第二

图为近年来中国各地建成的高度在400m以上的高楼，一方面说明社会财富的飞速发展，另一方面表明了新技术、新设备在社会财富中的比重增加了

传统的社会财富统计十分复杂。以工程地震灾害为例，按传统方法，要对一个地区的房屋进行分类，然后逐栋逐栋进行统计，不仅数量巨大，而且极费时间，统计还未完呢，老房子就拆掉了，新房子已建成了。利用现代人口和GDP分布的大数据，新型的卫星遥感、GIS等技术，可以更好地对承灾体做出定量、及时的描述，这可能对多种灾害的减轻都有用途。

■ 易损性——承灾体抗御致灾因子的能力

每一种重大自然灾害的性质以及有关减轻其灾害的防御措施都是有所不同的。确定结构和设备在重大灾害作用下的易损性（包括相互影响下的生命线）十分重要。保护建筑物安全的主要措施是建筑规范和法规。

要减轻自然灾害带来的灾难，一个关键性的问题隐患是目前还存在大量不合标准甚至危险的结构物。世界上关于建筑技术的研究和开发大多集中在新型建筑上，而不是在加固已有的不安全的建筑上。大量现有的不安全建筑和设施正是主要危险所在，因而必须在这个领域开展大量的研究和评价工作。

国际上十分重视提高抗灾能力——减轻易损性的工作。联合国“国际减灾日”的主题多次提到易损性的工作，如：

2001年：抵御灾害，减轻易损性。

2005年：利用小额信贷和安全网络，提高抗灾能力。

2010年：建设具有抗灾能力的城市：让我们做好准备！

2014年：提升抗灾能力就是拯救生命——老年人与减灾。

(a)

(b)

(c)

当破坏力（致灾因子）作用在建筑物上时，有的建筑物很容易受到破坏，称其易损性很大；但另外的建筑物不易被破坏，则其易损性较弱。(a) 2010 年海地发生 7.0 级地震，海地连总统府都发生了倒塌，说明建筑质量差，很容易损坏，易损性高。(b) 中国台北 101 大楼，高 508m，建成后经受住了多次地震的考验，易损性很低。(c) 山西省应县木塔，塔高 67.31m，结构独特，与意大利比萨斜塔、巴黎埃菲尔铁塔并称“世界三大奇塔”。应县木塔近千年遭遇大、中地震就有十几次，均无破坏，易损性极低

历史上的重大自然灾害

人类历史上记录了大量的自然灾害。本书从减轻自然灾害的角度，介绍一些全球重大的自然灾害，以利于在减灾防灾、应急管理等方面吸取经验和教训。

世界上一些重大的自然灾害

灾　害	灾　情
公元17世纪前	古代世界的建筑七大奇迹都毁于地震灾害：埃及的大金字塔，巴比伦的空中花园，亚历山大灯塔，阿牧米斯（月亮女神）庙，土耳其卡里亚王陵，阿波罗青铜巨像，奥林匹亚宙斯雕像
1556年中国陕西华县大地震	死亡人数近83万，“山川移易，道路改观，民庐官廨、神宇城池，一瞬而倾圮矣”。是历史记载死亡人数最多的一次地震灾害
1755 年葡萄牙里斯本大地震	葡萄牙是靠航海崛起的第一个大国，1755年大地震和海啸是导致崛起大国葡萄牙衰落的重要原因。1755年里斯本大地震影响到西方的文化，特别是西方哲学。伏尔泰提出了关于“人和自然”的讨论
1906年美国旧金山8.3级地震	6万余人遇难，近10万人逃离城市。社会秩序一度混乱，抢劫杀人等事件多有发生。市长当天发布了紧急的《市长令》，全城进入非常时期，是著名的灾害应急管理先例
1923年日本关东7.9级大地震	死亡人数超过14万，受伤人数超过30万。地震引发大火，东京市中心3.3万人因无路可逃而被烧死。地震还引起海啸、山崩和滑坡，这次地震提出了城市综合减灾和防灾问题
2008年5月12日中国四川汶川8.0级特大地震	近7万人死亡，引起的滑坡灾害损失约为这次地震总损失的三分之一。提出了“灾害链”的问题。自2009年起，每年5月12日是中国的“防灾减灾日”
公元79年意大利维苏威火山突然爆发	火山突然喷发，火山灰将庞贝城彻底掩埋到深3～6m的地下，约2000人死亡。1700年后，人们才发现并挖掘了庞贝地下古城
1815年印度尼西亚坦博拉火山（Mount Tambora）爆发	人类历史上最大规模的火山爆发之一，1万多人死亡。喷出的火山灰多达150km^3，笼罩着大半个地球达一年之久。1816年在历史上被称为“无夏之年（year without a summer）”
1986年喀麦隆火山湖CO_2喷发	喀麦隆尼奥斯火山湖湖底大量聚集的CO_2突然喷发，形成约50m厚的紧贴地面的致命云层，笼罩半径超过23km。1800多人丧命，6000多头牲畜死亡
1200年（前后）中国长白山火山喷发	长白山火山的一次大喷发，喷出的火山灰降落到远至日本海及日本北部。蓄水约达20亿m^{3}的天池开始形成
1542年中国湖北秭归滑坡	秭归大滑坡，竟堵长江达82年之久。1985年秭归新滩再次滑坡，约2000万m^{3}的滑坡体冲入长江，造成长江断流12天。由于有预报和预警，人员提前撤离，无人员伤亡
1933 年中国四川茂县滑坡	1933 年四川茂县叠溪镇发生7.5 级大地震，引起大型滑坡，阻塞水量丰富的岷江，形成许多堰塞湖。2006年，茂县滑坡再次危害公路，堵塞岷江

续表

灾　害	灾　情
1987年孟加拉国洪水	孟加拉国历史上最大的一次水灾。64个县中有47个县遭受洪灾。2000多人死亡，2.5万头牲畜淹死，200多万吨粮食被毁，受灾人数达2000万人
1998年中国长江洪水	是继1931年和1954年两次洪水后，20世纪发生的又一次全流域型的特大洪水之一；受灾面积3.18亿亩，受灾人口2.23亿人，死亡4150人，直接经济损失达1660亿元
1975年中国河南驻马店水库垮坝	1975年8月，受强降雨影响，河南省驻马店附近共计60多个水库相继发生垮坝溃决，1015万人受灾，2.6万人死亡，直接经济损失近百亿元，成为世界最大最惨烈的水库垮坝惨剧
20世纪60年代末期非洲撒哈拉沙漠旱灾	波及范围最广、影响最为严重的一次大旱，遍及34个国家，受灾人口2500万人，逃荒者逾1000万人，累计死亡人数达200万以上。仅撒哈拉地区死亡人数就超过150万
中国明朝崇祯旱灾	明崇祯年间，华北、西北从1627—1640年发生了连续14年的大范围干旱，“赤地千里无禾稼，饿殍遍野人相食”。这次特大旱灾加速了明王朝的灭亡
2004年印度尼西亚苏门答腊海啸	近海9.0级大地震产生的海啸，袭击印度洋周围的多个国家，灾害极为严重。遇难者总数超过30万人。引起了全世界对印度洋海啸的重视
1896年日本“明治海啸”	明治29年，日本海域8.5级大地震引发的海啸波到达日本东海岸高达38.2m，造成21909人死亡，船舶损失5720艘。这次海啸被命名为“明治海啸”，与“明治维新”齐名
2011年3月11日日本海啸	海域9.1级大地震引起海啸，约16000人死亡、2600人失踪，福岛核电站泄漏，为第二次世界大战后日本伤亡最惨重的自然灾害。日本政府宣布，2012年起每年3月11日定为“国家灾难防治日”
1960年智利海啸	智利近海发生9.5级特大地震（人类有仪器之后记录到的地球上最大的地震），地震产生的巨大的海啸波以飞机的速度传遍了整个太平洋，袭击了夏威夷和日本
1970年5月秘鲁大雪崩	大地震引发大雪崩、泥石流，将瓦斯卡兰山下的容加依城全部摧毁，合计死亡人数达5.2万人之多，造成的经济损失超过5亿美元
2005年美国“卡特里娜”飓风	美国历史上遭受的最大的5级飓风，也是死亡人数最多（1833人）的美国飓风。灾区有30万～40万儿童无家可归，多处航天设施遭飓风破坏。美国铁路火车服务中断
1922年中国广东汕头台风	8月2日，太平洋台风在汕头地区登陆。海水陡涨3.6m，沿海150km堤防悉数溃决，汕头城平均水深3m，死亡7万多人，树木挂着衣履，山顶覆着破船
2013年菲律宾超强台风“海燕”	11月上旬，2013年全球强度最强的台风“海燕”在菲律宾登陆，6300人死亡、1062人失踪，经济损失43.9亿美元。“海燕”造成中国30人死亡、经济损失7.5亿美元
1987年中国大兴安岭大火	大兴安岭（中国最大的原始森林）总面积2500万公顷，发生大火，5.8万名军民奋战28天将这场大火熄灭，保全了25万km^2的原始森林和漠河县的7万户家庭
2019年澳大利亚大火	9月发生大火，4个月后尚未扑灭。10亿动物被大火波及。至少5亿动物在火灾中惨死，鸟类未能幸免。而超过2万只澳洲国宝动物袋鼠在大火中死亡，三分之一的考拉丧生
2020年1月13日中国青海西宁公路塌陷	青海西宁南大街发生路面坍塌，一辆公交车陷入其中，9人遇难。城镇化率已接近70%的中国，地面塌陷问题对城市道路带来了威胁，提出新的减灾任务
1908年6月通古斯大爆炸	陨石坠落，在大约离地6～10km的上空爆炸，产生的爆炸效果与约1000万吨级的炸药相当。如果晚到8小时，它就可能把伦敦城变成一片瓦砾场

■ 地震、火山喷发、滑坡和泥石流

地震

人类历史上的地震记载可追溯到公元前40世纪。没有其他自然现象能像地震那样，在那样大的面积、那样短的时间里，造成如此大的破坏。

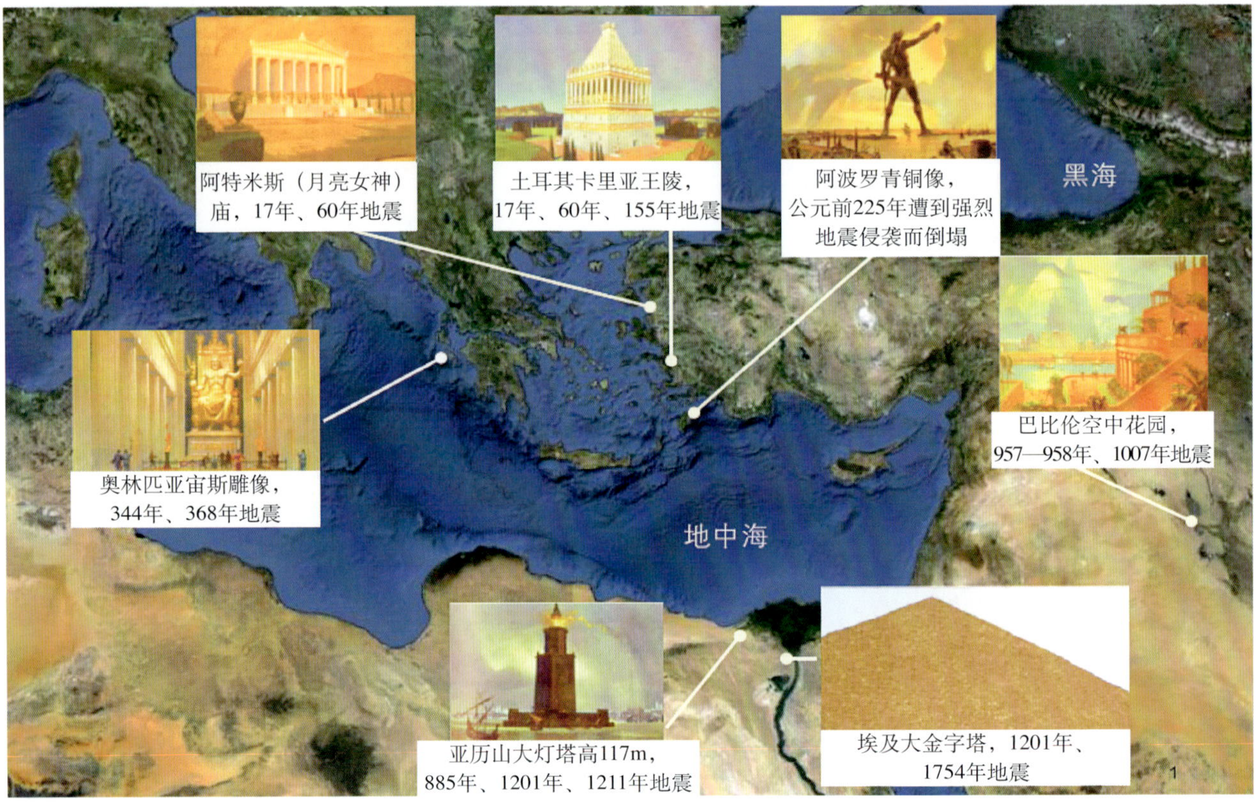

古代世界的建筑七大奇迹都毁于地震灾害：埃及的大金字塔（The Great Pyramid of Giza），巴比伦的空中花园（Hanging Gardens of Babylon），亚历山大灯塔（The lighthouse of Alexandria），阿特米斯（月亮女神）庙（The Temple of Artemis at Ephesus），土耳其卡里亚王陵（The Mausoleum at Halicamassus），阿波罗青铜巨像（The Colossus of Rhodes），奥林匹亚宙斯雕像（The Status of Zeus at Olympia）。图上的年份是当地地震发生的时间（陈颙等，人类活动、自然灾害和活动构造，2001，第四纪研究）

1556年中国陕西华县大地震

1556年中国陕西华县大地震估计死亡人数近83万。当时“山川移易，道路改观，屹然而起者成阜，坎然而下者成壑，倏然而涌者成泉，忽焉而裂者成涧。民庐官廨、神宇城池，一瞬而倾圮矣”（明·隆庆《华州志》）。地震甚至能使山川道路等地貌全然改观，其威力之大可见一斑。

1755年葡萄牙里斯本大地震

1755年11月1日（万圣节），葡萄牙里斯本近海大地震和地震产生的海啸袭击了里斯本，

明史中关于1556年关中大地震的记载："官吏军民压死八十三万有奇"。这是世界历史记载死亡人数最多的一次地震灾害

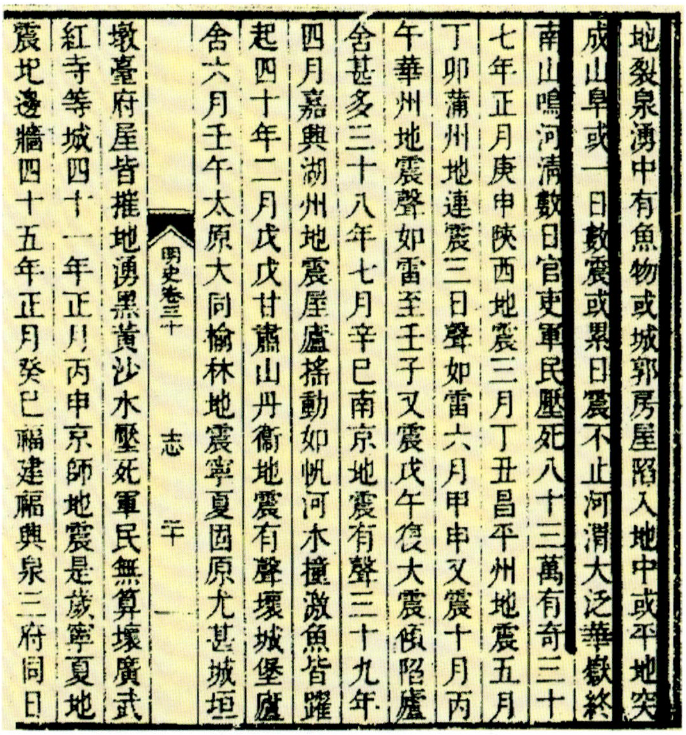

地裂泉湧中有魚物或城郭房屋陷入地中或平地突
成山阜或一日數震或累日震不止河渭大泛華嶽終
南山鳴河清數日官吏軍民壓死八十三萬有奇三十
七年正月庚申陝西地震三月丁丑昌平州地震五月
丁卯蒲州地連震三日聲如雷六月甲申又震十月丙
午華州地震聲如雷至壬子又震戊午夜大震傾陷廬
舍甚多三十八年七月辛巳南京地震有聲三十九年
四月嘉興湖州地震屋廬搖動如帆河水擁激魚皆躍
起四十年二月戊戌甘肅山丹衛地震有聲壞城堡廬
舍六月壬午太原大同榆林地震寧夏固原尤甚城垣
明史卷三十 志 六 一
墩臺府屋皆摧地湧黑黃沙水壓死軍民無算壞廣武
紅寺等城四十一年正月丙申京師地震是歲寧夏地
震圯邊牆四十五年正月癸巳福建福興泉三府同日

使里斯本25万居民中的7万余人丧生。葡萄牙是靠航海崛起的第一个大国，1755年里斯本大地震是崛起大国葡萄牙衰落的重要原因。1755年里斯本地震影响到西方的文化，特别是西方哲学。法国的哲学家伏尔泰（Voltaire）亲身经历了此次地震。他以这次地震为名，写了题为"里斯本地震（The Lisbon Earthquake）"的诗，讨论世界哲学史上

1755年11月1日，里斯本近海发生大地震，里斯本25万居民中有7万余人丧生。18世纪时，葡萄牙首都里斯本是全世界最繁华的城市，而1755年里斯本大地震是崛起大国葡萄牙衰落的重要原因（http://en.wikipedia.org/wiki/1755_Lisbon_earthquake）

的一个永恒的话题：人和自然。是人定胜天？还是听天由命？他感叹道：自命不凡的人类在巨大的天灾面前更多呈现出的是无力感。

1906年美国旧金山8.3级地震

1906年，美国旧金山发生8.3级地震，6万余人遇难。震时全城起火，近10万人逃离城市，经济损失超过5亿美元。 社会秩序一度混乱，抢劫、杀人等恶性事件多有发生。全市进入紧急状态。市长当天签署并发布了紧急的《市长令》，全城进入非常时期，用非常手段维持社会秩序。《市长令》全文如下："我授权联邦军队各种警察可以开枪射杀进行抢劫或其他趁火打劫的任何人。我已命令所有的煤气公司和电力公司停止供气和供电。我下令宵禁，要求所有居民晚上留在家中，不要外出。我提醒所有居民注意火灾，特别留意那些破坏的烟筒和管道。市长Schmitz，1906年4月18日"。

1906 年 4 月 18 日清晨，美国旧金山发生 8.3 级地震，6 万余人遇难。震时全城起火，全市进入紧急状态。近 10 万人逃离城市，经济损失超过 5 亿美元 (http://sfpl.org/news/earthquakephotos/images/aaa-4772.jpg)

1923年日本关东7.9级大地震

1923年9月1日，一场7.9级大地震席卷了日本东京及周边地区，造成日本死亡人数超过14万，受伤超过30万。由于东京木制建筑较多，地震引发火灾，起火点很多，在高层楼房之间形成“火流”，让人目不忍睹。东京有4万余人逃到一处空地，由于处于“火流”流窜处，3.3万人因无路可走而被活活烧死在这块空地上。这次地震引起海啸，高达9m的海浪扫荡了沿岸的公共设施和村庄。这次地震还引起山崩，跟着火车一起开进海里而死的人相当多。

关东地震对日本人民和全世界的最重要启示是应关注城市综合防灾问题——地震发生后发生的火灾、水灾、瘟疫、断水、断电、交通瘫痪、生命线工程破坏、人为恐慌和社会动乱，这些灾害由于它们是大面积的、突发性的，非常不易抢救，因此震前制定了应急预案，震时才能有效地采取紧急行动，从而达到减灾的目的。

1923 年，日本东京附近发生 7.9 级强烈地震，被称为关东大地震。50 万座建筑物被毁，14.3 万人死亡，20 万人受伤，50 万人无家可归。地震引起全城大火，同时还引起了严重的滑坡和泥石流灾害
（http://www.japan-guide.com/a/earthquake2/）

2008年中国四川汶川8.0级特大地震

2008年5月12日，四川汶川发生8.0级特大地震，震中地震烈度达到Ⅺ度。地震波及大半个中国及亚洲多个国家和地区，严重破坏地区超过10万 km^2 。地震共造成近7万人死亡，37万余人受伤，2万余人失踪，直接经济损失达8451亿元。

汶川地区多山，多川，山高谷深，地形陡峭，是频繁发生滑坡和泥石流的地区。汶川地震震动强度巨大，引起了严重的滑坡和土石流等地质灾害，其规模大、数量多、影响严重，滑坡和泥石流的灾害损失约为这次地震总损失的三分之一，这在世界地震灾害史上是少见的。汶川地震的重要教训，是提醒人们重视“灾害链”的问题。2009年国务院决定，每年5月12日为全国“防灾减灾日”。设立我国的“防灾减灾日”，意在提醒全国人民前事不忘，后事之师，更加重视防灾减灾，努力减少灾害损失。

图为1920年12月16日海原8.5特大地震诱发黄土滑坡群，从南向北包含5个滑坡，均分布于黄土梁（近NW—SE向）的东侧

图为 2008 年汶川地震震中区的破坏情况。地震引起了大量滑坡和泥石流灾害，使山川变色、河流断流。滑坡和泥石流等诱发灾害损失约为这次地震总损失的三分之一，为世界地震灾害史上所少见。汶川地震的重要教训是提醒人们重视“灾害链”的问题

再现 1631 年维苏威火山喷发的绘画（引自 EOS，TRASACTIONS，AMERICAN GEOPHYSICAL UNION，Vol87，No40，3 October 2006，P417）

火山喷发

地球陆地上已知的活火山（包括正在喷发的和最近1万年喷发过但现在已休眠的）超过1500座，海底火山更多，但目前还不能进行完全统计。

火山不是天天都在喷发，往往有几百年甚至上千年的休眠期。对于这种百年一遇或千年一遇的灾害，人们往往丧失了必要的警惕。有些火山周围地形平坦，土壤肥沃，人口密集，一旦火山突然喷发，就会在其周围形成巨大的灾害。公元前16世纪地中海一次火山喷发毁灭了地中海岛上的米诺文明。公元79年意大利维苏威火山喷发埋葬了古罗马的庞贝等两个城市。

公元79年意大利维苏威火山爆发

公元79年8月24日，维苏威火山突然爆发。并且在短短的几天内，大量的火山灰（ash）和火山尘（dust）将毫无防备的庞贝城彻底掩埋到深3～6m的地下，约2000人死亡，占当时全城人口的十分之一。直到1748年，人们才发现了这座古城的一段外城墙，现代考古工作随后展开，古城风貌得以重见天日。

公元 79 年，维苏威火山的爆发一瞬间将庞贝城在时空中掩埋和凝固。火山喷出的有害气体使得庞贝城中居民死亡，被埋在火山灰中。18 世纪开始挖掘掩埋的庞贝城，从固化的火山灰中，用灌入石膏的方法，恢复了遇难者的死亡状态

1815年印度尼西亚坦博拉火山爆发

1815年4月15日印度尼西亚森巴瓦岛（Sumbawa）上坦博拉火山（Mount Tambora）爆发，喷出的火山灰总体积多达150km^3。这是人类历史上最大规模的火山爆发之一，火山爆发出来的物质抵达高至44km的平流层。1万多人死于火山碎屑流，更多的受害者饱受其后饥饿与疾病的摧残。

受坦博拉火山爆发的影响，火山灰笼罩着大半个地球达一年之久，全球温度在之后的一两年下降了大约0.4～0.7℃。

1816年是1400年以后北半球最寒冷的一年，夏季出现了罕见低温，欧洲、北美洲及亚洲都出现了灾情，欧洲及美洲农业生产受影响尤甚。

在中国，1816年（嘉庆二十一年）夏天，农历八月“天气忽然寒如冬”，云南全省出现了严重饥荒，昆明及滇西等地此后连续三年冬天降雪；东北黑龙江农历七月出现严重霜冻，作物失收，垦丁逃亡；安徽、江西等地也有农历六七月出现降雪的记录；台湾新竹“十二月雨雪，冰坚寸余”。

坦博拉火山是一座活火山，最近的一次喷发在1967年，但规模不大。

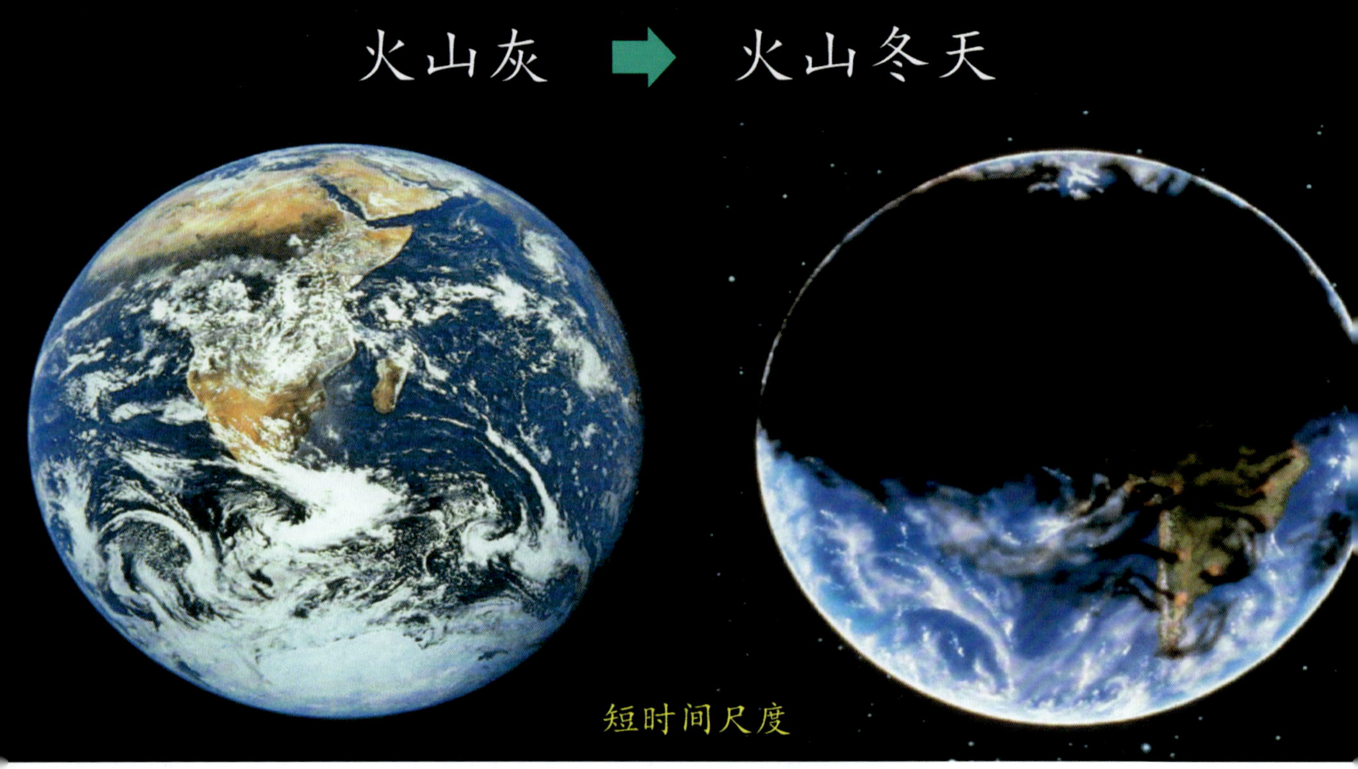

无夏之年。1815 年印度尼西亚坦博拉火山爆发，堪称人类历史上最大规模的火山爆发之一，喷出的火山灰笼罩着大半个地球达一年之久。1816 年在历史上被称为“无夏之年”（year without a summer）

1986年喀麦隆火山湖CO_2喷发

尼奥斯火山湖位于非洲喀麦隆西北部，1986年8月21日晚，突然一声巨响划破了长空，从湖底喷发出大量的有毒气体，沿着山的北坡倾泻而下，向处于低谷地带的几个村庄袭去……次日清晨，喀麦隆高原美丽的山坡上，水晶蓝色的尼奥斯河变得一片血红，草丛里到处躺着死去的牲畜和野兽。据不完全统计，在这场灾祸中，至少有1740人被毒气夺去了生命，大量的牲畜丧生。一个原有650名居民的村庄仅有6人幸存。

专家对尼奥斯湖喷发毒气的成分进行实测，查明了尼奥斯湖中所喷出的有毒气体成分。罪魁祸首是二氧化碳，而恶臭则来自硫化氢。由于多年的沉积，这座火山湖底充满了二氧化碳。少量的二氧化碳无害，但高浓度的二氧化碳却足以置人于死地。

(a)

1200年（前后）中国长白山火山爆发

长白山是中国著名的火山（火山群），史籍记载自16世纪以来爆发了3次。据地质学和^{14}C的研究，公元1200年左右，长白山火山有一次大喷发，当时喷出的火山灰降落到远至日本海及日本北部的地方。当火山爆发喷射出大量熔岩之后，火山口附近塌陷处形成盆状，时间一长，积水成湖，便成了现在的天池。天池是我国最深的湖泊，总蓄水量约达20亿m^3。

长白山是一个休眠的活火山，尽管已休眠了300年，但世界上休眠数百年再次喷发的火山并不少见。地球物理探测表明，长白山天池下方有地壳岩浆囊存在的迹象。从目前的观测结果看，尚没有发现火山近期复苏的征兆。但长白山天池火山具有再次喷发的危险，其喷发形式为爆炸式，由于天池中20亿吨水的存在，使喷发具更大的破坏性。

沿我国东部的大陆边缘，那里形成数以百计的火山群和火山锥，构成沿海岸带分布的延伸长逾2000km、平均宽度约400km的巨型火山带，构成了环太平洋火山链的一部分。如著名的黑龙江五大连池、镜泊湖；吉林的长白山、龙岗；内蒙古的哈拉哈、汉诺坝；山西的大同；山东的蓬莱；江苏的六合；安徽的嘉山；福建的明溪；台湾的基隆；广东的雷州；海南的琼北；云南的腾冲，等等。

1986 年 8 月 21 日，喀麦隆尼奥斯火山湖突然喷发，水柱的喷发速度达每小时 100km，充斥着高浓度二氧化碳。云气迅速笼罩四周，形成约 50m 厚的致命云层，笼罩半径超过 23km。(a) 湖中因二氧化碳浓度过高，变得十分浑浊。(b) 因为这种气体比空气重，所以它紧贴地面，近 1800 人丧命，6000 多头牲畜死亡

(b)

长白山是中国著名的火山。火山爆发喷射出大量熔岩之后，火山口附近塌陷处形成盆状，时间一长，积水成湖，便成了现在的天池。天池的水很深，平均深度为 204m，最深处 373m。天池是我国最深的湖泊，总蓄水量约达 20 亿 m^3。长白山火山是我国东部沿海数以百计的火山群和火山锥（黑龙江的五大连池、镜泊湖；吉林的长白山、龙岗；内蒙古的哈拉哈、汉诺坝；山西的大同；山东的蓬莱；江苏的六合；安徽的嘉山；福建的明溪；台湾的基隆；广东的雷州；海南的琼北；云南的腾冲等）的代表

滑坡和泥石流

1985年中国湖北秭归滑坡

1985年，位于长江北岸、西陵峡畔的湖北省秭归市新滩发生大滑坡，是500年一遇的罕见的灾害。总体积约2000万m^3的滑坡体冲入长江，滑坡体堵塞了三分之一的江面，河床最低点的高程由22.5m上升至37.5m，致使长江被迫停航12天。形成的滑坡涌浪在对岸爬高为49m，向上下游传播中击毁、击沉木船64只、小型机动船13艘，造成10名船上人员死亡。公元1542

1985 年新滩发生大滑坡，约 2000 万 m^3 的滑坡体冲入长江，致长江断流 12 天。1542 年的滑坡曾堵江达 82 年之久，直至明朝天启四年（1624 年）才疏通

年，秭归县志记载：“元月二十日，青滩（新滩古名）山崩五里许，巨石腾壅，闭塞江流，压民房百余家”。史书记载此次堵江达82年之久，直至明朝天启四年的1624年才得以疏通。1985年的大滑坡摧毁了位于其前缘的新滩古镇，由于准确的监测和及时的预报，政府果断组织了提前搬迁撤离，从而无一人伤亡，被《文汇报》称为“了不起的世界奇迹”。

1933年中国茂县滑坡

1933年茂县叠溪镇发生7.5级强烈地震，导致岷江沿岸多处产生大型滑坡，崩下的岩石将岷江堵塞，岷江主流断流，高山峡谷中出现一片堰塞湖，逶迤达30华里，宽约4华里。堰塞湖以上的江水被迫返回上游，挟沙石倒涌，4天后水位上升300余米。一个多月后，叠溪堰塞湖瀑溃，积水倾泻涌出，浪头高达7m，壁立而下，浊浪排空，急流以30km/h的速度急涌茂县、汶川，沿河两岸被峰涌洪水一扫俱尽，临近地区均受巨灾，伤亡近万人。

2010 年 8 月 7 日 22 时，中国甘肃省舟曲县突降强降雨，县城北面的三眼峪和罗家峪同时爆发泥石流。泥石流灾害共造成 1144 人遇难，600 人失踪

■ 洪水、干旱、海啸、雪崩

洪水干旱

水多，会引发洪涝灾害；水少，会引发干旱灾害。因此，国际减灾委在1997年提出的减灾口号是：“水：太多、太少——都会造成自然灾害”。

洪水是指特大的径流，这种径流往往因河槽不能容纳而泛滥成灾，成为对人类社会的一种破坏力。

1987年孟加拉国洪水

1987年7月，孟加拉国经历了有史以来最大的一次水灾。连日暴雨，狂风肆虐，这突如其来的天灾使无任何准备的居民不知所措。短短两个月间，孟加拉国64个县中有47个县受到洪水和暴雨的袭击，造成2000多人死亡，200多万吨粮食被毁，2万千米道路及772座桥梁和涵洞被冲毁，千万间房屋倒塌，大片农作物受损，受灾人数达2000万。

1987 年 7 月，孟加拉国连降暴雨，全国 64 个县中的 47 个受到洪水和暴雨的袭击，2000 多人死亡，2.5 万头牲畜淹死，受灾人数达 2000 万人，孟加拉国经历了有史以来最大的一次水灾

1998年中国长江洪水

1998年长江洪水是继1931年和1954年两次洪水后，20世纪发生的又一次全流域型的特大洪水之一；嫩江、松花江洪水同样是150年来最严重的全流域特大洪水。据初步统计，包括受灾最重的江西、湖南、湖北、黑龙江四省，中国共有29个省（区、市）遭受了不同程度的洪涝灾害，受灾面积3.18亿亩，成灾面积1.96亿亩，受灾人口2.23亿人，死亡4150人，倒塌房屋685万间，直接经济损失达1660亿元。

图为 1998 年长江洪水灾害后的武汉市。这是 20 世纪发生的又一次全流域型的特大洪水，受灾人口超过 2 亿人

1975年中国河南驻马店水库垮坝

1975年8月，在河南省驻马店等地区的1万多km^2的土地上，共计60多个水库相继发生垮坝溃决，近60亿km^3的洪水肆意横流。1015万人受灾，超过2.6万人死难，倒塌房屋524万间，冲走耕畜30万头。纵贯中国南北的京广线被冲毁102km，中断行车16天，影响运输46天，直接经济损失近百亿元，成为世界最大最惨烈的水库垮坝惨剧。

1975 年 8 月 4—8 日降水总量图

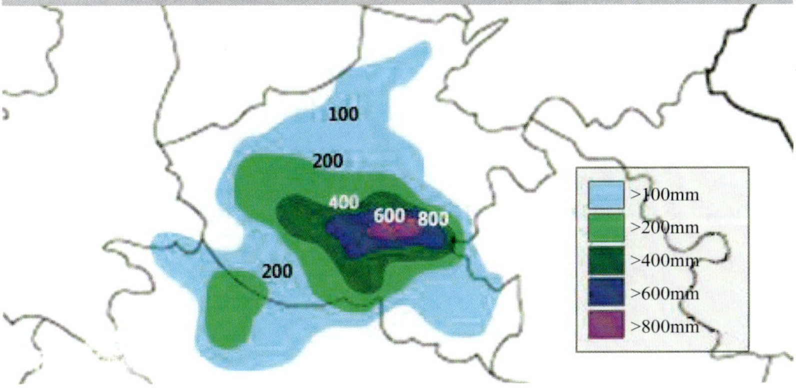

1975 年 8 月 8 日，在一场特大暴雨中（紫色为驻马店市，几天内降水总量超过 800mm，超过了全年的降水量！），河南驻马店包括板桥水库、石漫滩水库在内的两座大型水库、两座中型水库、数十座小型水库和两个滞洪区在短短数小时内相继垮坝溃决，使驻马店地区猝然间沟壑横溢，顿成泽国，惨剧骤至。受灾人数达 1015 万人，2.6 万人丧生

如果土壤水分不足，不能满足牧草等农作物生长的需要，则可造成较大的减产或绝产的灾害。通常将农作物在生长期内因缺水而影响正常生长称为受旱。因受旱而减产三成以上谓之成灾。

旱灾在世界范围内具有普遍性。全世界对自然灾害的不同统计资料显示，旱灾的数目经常高居首位。由于旱灾的发生过于频繁，而大面积的旱灾统计十分困难，因此，选择出最有代表性的旱灾灾情例子不是容易的事情。

严重的旱灾。1959—1961 年，在中国历史上称为“三年自然灾害时期”。全国连续 3 年的大范围旱情，使农业生产大幅度下降，市场供应十分紧张，人民生活相当困难，人口非正常死亡急剧增加。仅 1960 年统计，全国总人口就减少 1000 万

20世纪60年代末期非洲撒哈拉沙漠旱灾

波及范围最广、影响最为严重的一次旱灾，是20世纪60年代末期在非洲撒哈拉沙漠周围一些国家发生的大旱，遍及34个国家，近1亿人口遭受饥饿的威胁。受灾人口2500万人，逃荒者逾1000万人，累计死亡人数达200万以上，仅撒哈拉地区死亡人数就超过150万。

中国明朝崇祯旱灾

明崇祯年间，中国的华北、西北地区从1627—1640年发生了连续14年的大范围干旱，以致呈现出“赤地千里无禾稼，饿殍遍野人相食”的凄惨景象。这次特大旱灾加速了明王朝的灭亡。

海啸

2004年印度尼西亚苏门达腊海啸

2004年12月26日，在印度尼西亚苏门答腊附近水深超过1000m的深海海域发生9.0级大地震，这是印度洋地区历史上发生的震级最大的地震，产生了巨大的海啸。该地震震中为无人居住的海洋，故地震本身造成的伤亡不大，但地震引发的海啸造成了极为严重的伤亡。印度尼西亚亚齐省的首府班达亚齐是一个海滨城市，距大地震震中约250km，其海啸灾害十分严重。地震发生后约半小时，引发的海啸首先袭击了班达亚齐，数百人在海啸中丧生。当地的一名美联社记者看见巨浪扫荡过后，连树梢上都挂有尸体，迷人的海滩在灾难过后已经成为“露天停尸间”，到处都可

2004 年印度洋地震海啸后，印度尼西亚班达亚齐尸横遍地，惨不忍睹。迷人的海滩在灾难过后已经成为“露天停尸间”
（资料来源：Achmad Ibrahim，法新社，2004）

以看见尸体，其状惨不忍睹。

地震产生的海啸，袭击了几百、几千千米外的印度洋周围不设防的海岸带，波及印度尼西亚、斯里兰卡、泰国、印度、马来西亚、孟加拉国、缅甸、马尔代夫等国，遇难者总数在震后两周内已超过30万人。印度尼西亚地震海啸灾难如此严重，是因为这次地震是印度洋地区百年不遇的特大天灾；而且，由于印度洋深海大地震不多，历史海啸灾害记载也不多，所以，人们对于海啸灾害的预防不足，也没有建立必要的海啸预警系统。后者可能是这次海啸造成灾害之巨大的另一个主因。

日本是容易受到海啸袭击的国家。《富岳三十六景》被誉为日本的经典画作，其中的《神奈川冲浪里》被称为三十六景中的第一景，它描绘了日本东海岸的海啸

1896年日本“明治海啸”

1896年（明治二十九年）6月15日，日本东部海域发生8.5级大地震，随后地震引发了大海啸，30分钟后，海啸到达日本东海岸地区。三陆地区记录到了这次明治时代以来最高的海啸水位，高达38.2m。地震造成21909人死亡，船舶损失5720艘。日本历史上称这次海啸为“明治海啸”，与“明治维新”齐名。1933年3月3日，在明治三陆地震震中附近再次发生8.1级大地震，引发了海啸。不过和1896年不同的是，这次地震类型是正断层引起的，而明治地震的类型是逆断层。1933年三陆地震海啸造成3064人死亡，流失船只7303只。

左：在日本三陆岩手县记录到了明治海啸的水位，高达 38.2m。这次地震造成 21909 人死亡。右：白色标识，上面的标志为明治三陆海啸的海啸高度（1896 年），下面的标志为昭和三陆海啸的海啸高度（1933 年）
（来源：日本防灾教育研究所（http://www.bo-sai.co.jp））

2011年日本海啸

2011年3月11日东日本9.1级大地震发生，震中位于东京以东约373km的海域。此次地震是日本史上规模最大的地震。地震引起的海啸也是最为严重的。受到海啸袭击的范围，南北长约500km，东西宽约200km，创下日本海啸波源区域最广的纪录。地震和海啸造成至少约16000人死亡、2600人失踪，遭受破坏的房屋约130万栋，为第二次世界大战后日本伤亡最惨重的自然灾害。

1968年建成于太平洋海边的福岛核电站，在地震和海啸作用下发生严重的核泄漏事故，导致大规模的地方机能瘫痪和经济活动停止。很少露面的日本明仁天皇罕见地发表了公开演说，对于日本受灾民众在这次重大灾难中表现出的冷静给予充分肯定。1995年的阪神大地震后，明仁天皇仅以书面声明鼓励日本民众。

日本政府于2011年8月7日凌晨宣布，自 2012年起每年3月11日定为“国家灾难防治日”。

2011 年日本海啸时，海水冲上宫城县沿海陆地，首府仙台市市区在海啸侵袭后形成严重水灾，多数居民被迫撤离。图中可见仙台机场跑道大部分被淹，只留下航厦大楼（新华社图片）

1960年智利海啸

智利是个多地震的国家。1960年在智利近海发生9.5级特大地震，这是人类有测震仪器之后记录到的地球上最大的地震。这次智利近海地震产生了巨大的海啸，传遍了整个太平洋。

智利地震产生的海啸15小时后传到了夏威夷，海啸以波动的形式多次袭击了夏威夷。第一次袭击的海啸波并不大，居住在海边的居民纷纷跑到高处，所以第一次的海啸波几乎没有造成人员伤亡。第一次海水退了后许多居民一看海水退了，又回到原来的家中，没有想到的是，约30分钟后还有更大的海啸波来袭，而且威力一次比一次大，第三次的海啸波最大，有61人不幸遇难。如果了解海啸波可能不止一次，居民们有意识提高了警惕，这样的悲剧就不会发生。

许多人可能还不知道，最早描述智利地震和海啸的人中，有一位是写《物种起源》的达尔文（Charles Darwin）。人们都知道他在自然演化方面的贡献，却很少有人知道他在地震和海啸方面所做的工作。1835年达尔文乘贝格尔（Beagle）军舰环球旅行时，正好途经智利，曾亲眼目睹了那年智利大地震产生的海啸。

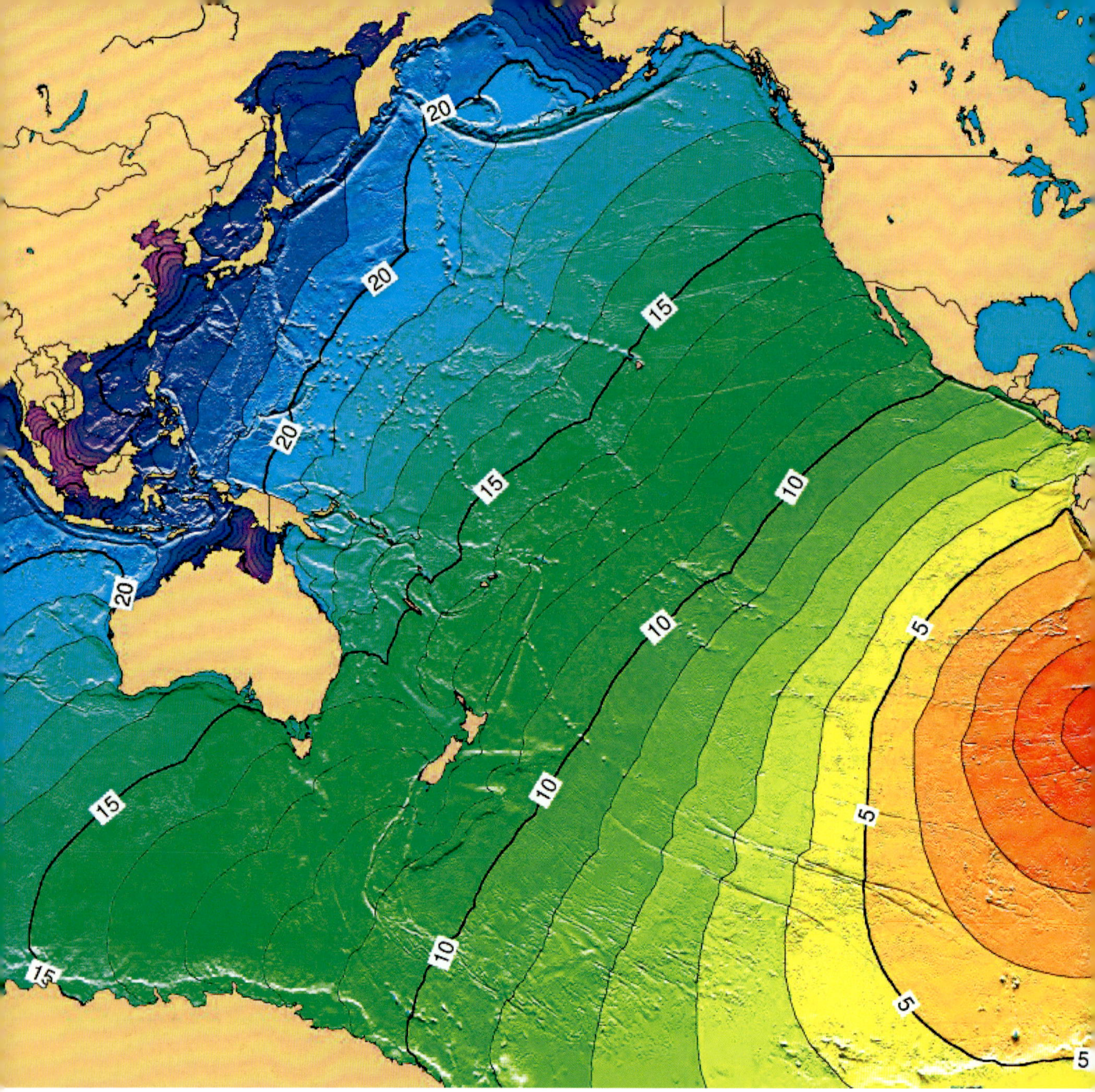

1960 年智利近海 9.5 级特大地震产生的海啸波传遍整个太平洋地区。图中数字表示传播所需的时间（单位：小时）。海啸波在太平洋深海的传播速度近 1000km/h，和飞机的速度一样快。太平洋海啸预警系统（TWA）建立于 1946 年，当时拥有海域附近的 22 个地震台和 53 个潮汐观测站。该系统在智利地震发生后，向太平洋沿岸地区发布了海啸警报，减少了海啸灾害

达尔文的探险日记记录了 1835 年智利大地震引发海啸的情形："紧接地震后的巨浪和海啸，以迅雷不及掩耳之势席卷了港口。从相距三四千米远的海上可以看到一层层涌动的巨大如山的波浪，以一种缓和的速度慢慢逼近港口，到近处时则变得非常有力、快速，一下子就扫平了岸上的房屋和树木。巨浪的力量如此惊人，就连 4 吨重的大炮也被移走了 15 英尺。"达尔文感慨：人类无数时间和劳动所创造的成果，只在一分钟内就被毁灭了

雪崩

雪崩是一种所有雪山都会有的地表冰雪迁移过程。造成雪崩的原因主要是山坡积雪太厚。积雪经阳光照射以后，表层雪溶化，雪水渗入积雪和山坡之间，从而使积雪与地面的摩擦力减小，积雪层在重力作用下，开始向下滑动。积雪大量滑动造成雪崩。

1970年5月秘鲁大雪崩

秘鲁是一个多山的国家，山地面积占全国总面积的一半，著名的安第斯山脉的瓦斯卡兰山峰就在秘鲁。瓦斯卡兰山的山体坡度较大，峭壁陡峻，山上长年积雪，"白色死神"常常降临于此。1970年5月31日，这里发生了一次地震，由地震诱发了一次大规模的巨大雪崩。

地震把山峰上的岩石震裂、震松、震碎，瞬时，冰雪和碎石犹如巨大的瀑布，紧贴着悬崖峭壁倾泻而下，几乎以自由落体的速度塌落，疯狂地向山下冲去。在强大气浪的震动和冲击下，沿途的积雪纷纷落下，汇成的冰雪巨龙越来越大。崩塌而来的雪量已达到了3000万m^3，其中携带着数以百万立方米的岩石碎屑，形成高达近百米的龙头，继续呼啸着向山下河谷、城镇冲去。一路所过，河流被截，道路被堵，城镇摧毁，农田被淹……

地震、雪崩、泥石流，给秘鲁人造成了惨重的损失。这场大雪崩所形成的冰雪巨流横扫了14.5km的路程，受灾面积达23km^2，将瓦斯卡兰山下的容加依城全部摧毁，在地震中死亡1.2万人，由地震引发的雪崩中死亡2万多人，由地震引发的泥石流中死亡约2万人，合计死亡人数达5.2万之多，造成的经济损失竟达5亿多美元。

1970 年 5 月 31 日，秘鲁安第斯山脉的瓦斯卡兰山峰附近发生了地震，诱发了一次大规模的巨大雪崩。在瓦斯卡兰山下，有一座容加依城。雪崩带着强大冲击力的气浪迎面袭来，把人们全部推倒在地，接着，巨大的冰雪巨龙呼啸而至，大多数人被压死在冰雪体之下。快速行进中的冰雪巨龙，形成的强大的空气压力，使许多人窒息而死

图为雪崩中可怕的气浪。因为雪崩从高处以很大的势能向下运动，会形成一层气浪，有些类似于原子弹爆炸时产生的冲击波。气浪所到之处，房屋被毁，树木消失，人会窒息而死。1970 年秘鲁大雪崩引起的气浪，把地面上岩石的碎屑吹到了天上，竟然叮叮咚咚地下了一阵“石头雨”

对于雪崩，可以采取人工控制的方法加以预防。人们总结了很多经验教训后，已经有了一些防范雪崩的手段。比如对一些危险区域发射炮弹，实施爆炸，提前引发积雪还不算多的雪崩；设专人监视并预报雪崩等。如阿尔卑斯山周边国家都在容易发生雪崩的地区成立了专门组织，设有专门的监测人员，探察雪崩形成的自然规律及预防措施。

■ 风灾、火灾和其他自然灾害

风灾

台风是指发生在热带洋面上的强烈热带气旋，其向前移动的空气涡旋在北半球作逆时针旋转，在南半球作顺时针旋转。这种热带气旋在中国及东南亚地区称“台风”，在美国及大西洋地区称“飓风”。台风的破坏力主要包括以下三个方面：一是带来大风危害。台风中心附近最大风力一般为12级以上，这时垂直于风向平面上的风压可达230kg/m^2。二是暴雨灾害。台风经过的地区，一般能产生150～300mm降雨，少数台风能产生1000mm以上的特大暴雨。三是风暴潮灾害。台风过境时常常带来狂风暴雨的天气，引起海面巨浪，严重威胁航海安全。一个中等强度的台风所释放的能量就相当于上百个氢弹所释放的能量。

2005年美国“卡特里娜”飓风

飓风“卡特里娜”于2005年8月中旬在巴哈马群岛附近生成，进入墨西哥湾后，迅速增强为5级飓风（中心平均风速达280km/h），在美国登陆后，给路易斯安那州造成

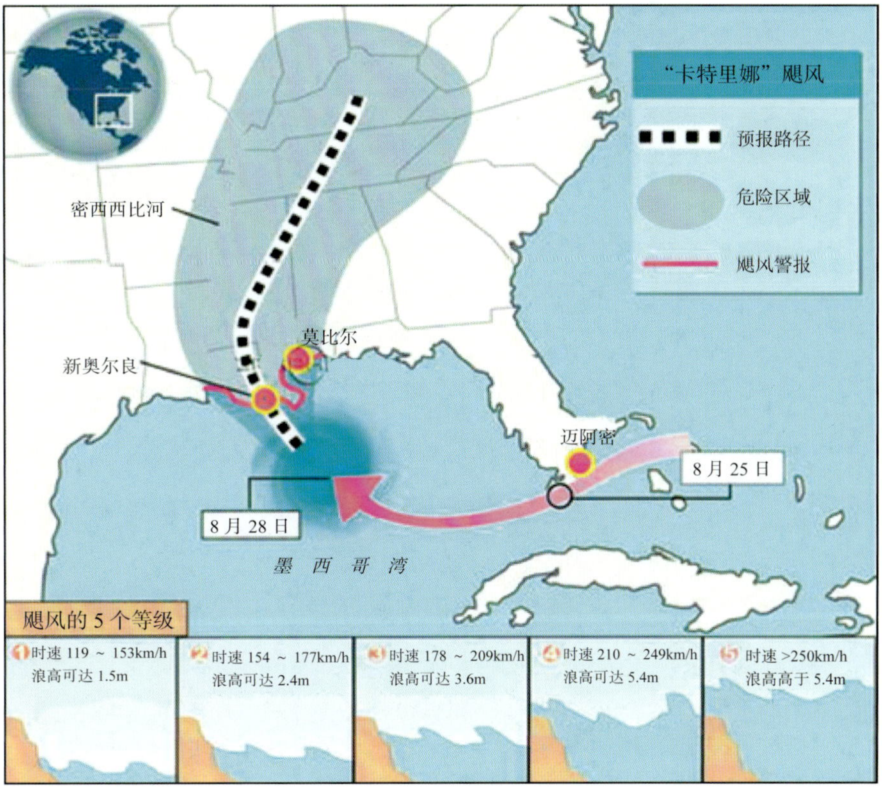

2005年8月美国“卡特里娜”飓风登陆路线图。飓风登陆新奥尔良市时为5级飓风（中心平均风速高达280km/h），该市八成地方遭洪水淹没，90%的建筑物遭到了毁坏，至少有1833人丧生。飓风整体造成的经济损失可能高达2000亿美元，成为美国历史上破坏最大、死亡人数最多的飓风灾害

灾难性的破坏。路易斯安那州新奥尔良市低洼的地理条件特殊，平均海拔在海平面以下。“卡特里娜”带来的巨浪和洪水冲毁防洪堤，致该市八成地方遭洪水淹没，90%的建筑物遭到了毁坏。“卡特里娜”飓风整体造成的经济损失可能高达2000亿美元，成为美国史上破坏最大的飓风。这也是美国史上死亡人数最多的一次飓风，至少有1833人丧生。灾区有30万～40万儿童无家可归。位于灾区的两处航天设施遭飓风破坏。美铁火车日落特快号由新奥尔良至奥兰多服务中断。

针对国内民众对这次灾难的质疑和批评，美国政府于一个月后宣布，将联邦紧急措施署（FEMA）署长迈克尔·布朗撤职查办，并推出房屋重建计划，帮助在“卡特里娜”飓风中损失惨重的该州居民重建家园。

“卡特里娜”飓风袭击时，新奥尔良市出现了无政府状态的混乱局面，部分地区出现抢劫、烧杀、枪战和强奸。300名刚从伊拉克撤回的国民警卫队队员被派往新奥尔良市维护治安，并被授权可随时开枪击毙暴徒。196名墨西哥官兵2005年9月8日乘车越过边境进入美国，协助灾区的救灾工作，这是159年来墨西哥部队首次踏上美国领土

2013年菲律宾超强台风“海燕”

2013年11月上旬，超强台风“海燕”（Super Typhoon Haiyan，国际编号：1330）在菲律宾莱特岛北部沿海登陆，晚间达到其巅峰强度，最大风力达17级以上（风力表的最大风力），中心最低气压为890百帕，登陆中心附近的“海燕”成为全球有记录以来的最强登陆台风。

菲律宾国家减灾委员会（NDRRMC）发布的最终报告称，“海燕”共造成菲律宾6300人死亡、1062人失踪、28688人受伤，经济损失约合43.9亿美元。“海燕”造成中国30人死亡、6人失踪，经济损失约合7.5亿美元。“海燕”造成越南14人死亡、4人失踪、81人受伤。

图为国际太空站下的台风“海燕”。2013 年 11 月 7 日，台风“海燕”在菲律宾北部沿海登陆，晚间达到其巅峰强度，最大风力达 17 级以上，成为 2013 年全球强度最强的热带气旋，登陆中心附近“海燕”强度成为全球有记录以来的最强登陆台风

1839年科林加气旋

1839年11月25日的科林加气旋，是有史以来第二致命的气旋风暴。它袭击了印度中部东海岸的安德拉·普拉德什，给这个地势较低的地区带来了40英尺高的风暴潮，港口城市科林加连同大约25000艘船只被摧毁，大约有30万人死于这场风暴。

1922年中国广东汕头台风

中国受台风灾害影响严重，每年平均有7～10个台风登陆。1922年8月2日，太平洋台风在中国广东汕头地区登陆。风力达12级以上（当时的风力级别为12级制，不是今天的17级制，12级是当时风力的最高级别），潮随浪来，海水陡涨3.6m，沿海150km堤防悉数溃决，狂浪如瀑布入城，一时飞瓦倒墙之声不绝于耳。汕头城平均水深3m，沿海村镇一片汪洋。共死亡7万多人，数十万人流离失所。灾后庐舍为墟，尸骸遍野，水面漂着腐尸，树木挂着衣履，山顶覆着破船，积秽逾月犹未清除。海水淹过的耕地不长庄稼，井水咸而难以饮用，两年后方才淡化。

台风的命名由编号和名字两部分构成。编号由四位数码组成，前两位表示年份，后两位是当年风暴级以上热带气旋的序号。如超强台风“海燕”其编号为1330，表示的就是2013年发生的第30个风暴级以上热带气旋。

1922年8月2日，太平洋台风袭击中国广东汕头。海水陡涨3.6m，沿海150km堤防悉数溃决，共死亡7万多人，数十万人流离失所。当时正处于北洋政府军阀混战的时期，灾后救援也不到位。这一场台风是中国近代危害最严重的一次

1997年11月，世界气象组织（WMO）决定，从2000年1月1日起，对西北太平洋上生成的台风统一命名，由沿岸14个成员国和地区各提供10个名字，共140个名字，自2000年1月1日起按顺序年复一年循环使用。

台风的命名

柬埔寨	中国大陆	朝鲜	中国香港	日本	老挝	中国澳门	马来西亚	密克罗尼西亚	菲律宾	韩国	泰国	美国	越南
达维 1723	海葵 1724	鸿雁 1725	启德 1726	天秤 1727	布拉万 1801	三巴 1802	杰拉华 1803	艾云尼 1804	马力斯 1805	格美 1806	派比安 1807	玛莉亚 1808	山神 1809
安比 1810	悟空 1811	云雀 1812	珊珊 1813	摩羯 1814	丽琵 1815	贝碧嘉 1816	赫克托 1817	温比亚 1818	西马仑 1820	飞燕 1821	山竹 1822	百里嘉 1823	潭美 1824
康妮 1825	玉兔 1826	桃芝 1827	万宜 1828	天兔 1829	帕布 1901	蝴蝶 1902	圣帕 1903	木恩 1904	丹娜丝 1905	百合 1906	韦帕 1907	范斯高 1908	利奇马 1909
罗莎 1910	白鹿 1911	杨柳 1912	玲玲 1913	剑鱼 1914	法茜 1915	琵琶 1916	塔巴 1917	米娜 1918	海贝思 1919	浣熊 1920	博罗依 1921	麦德姆 1922	夏浪 1923
娜基莉 1924	风神 1925	海鸥 1926	凤凰 1927	北冕 1928	巴蓬 1929	黄蜂 1419	鹦鹉 1420	森拉克 1421	黑格比 1422	蔷薇 1423	米克 1424	海高斯 1425	巴威 1427
美莎克 1503	海神 1504	红霞 1506	白海豚 1507	鲸鱼 1508	灿鸿 1509	莲花 1510	浪卡 1511	苏迪罗 1513	莫拉菲 1514	天鹅 1515	艾莎尼 1516	艾涛 1518	环高 1519
科罗旺 1520	杜鹃 1521	彩虹 1522	彩云 1523	巨爵 1524	蔷琵 1525	烟花 1526	茉莉 1527	尼伯特 1601	卢碧 1602	银河 1603	妮妲 1604	奥麦斯 1605	康森 1606
灿都 1607	电母 1608	蒲公英 1609	狮子山 1610	圆规 1611	南川 1612	玛瑙 1613	妮亚图 1614	雷伊 1615	马勒卡 1616	鲇鱼 1617	暹芭 1618	艾利 1619	桑达 1620
莎莉嘉 1621	海马 1622	米雷 1623	马鞍 1624	蝎虎 1625	洛坦 1626	梅花 1701	苗柏 1702	南玛都 1703	塔拉斯 1704	奥鹿 1705	玫瑰 1706	洛克 1707	桑卡 1708
纳沙 1709	海棠 1710	尼格 1711	榕树 1712	天鸽 1713	帕卡 1714	珊瑚 1715	玛娃 1716	古超 1717	泰利 1718	杜苏芮 1719	卡努 1720	兰恩 1721	苏拉 1722

注：台风名字按顺序年复一年循环使用。如台风“玛莉亚”之后的台风为“山神”，再下一个为“安比”，以此类推。（资料来源：中国气象局“台风网”，2020年2月）

一般情况下，140个名字循环使用，但当某个台风造成了特别重大的灾害或人员伤亡而声名狼藉成为公众知名的台风后，为了防止它与其他的台风同名，就把这个名称从命名表中删去，也就是将这个名称永远命名给当次热带气旋，以后的热带气旋不再使用这一名称。当某个台风的名称被从命名表中删除后，将根据相关成员的提议，对热带气旋名称进行增补。如2018年台风“山竹”造成300万人受灾，2019年菲律宾提出将“山竹”除名，改为“榴莲”。

自2000年以来，在台风的最初140个名字中，因为台风灾害的严重，据不完全统计，被除名的已多达50个（如：龙王→海葵；启德→鸳鸯；天秤→小犬；珍珠→三巴；碧利斯→马力斯；桑美→山神；宝霞→安比；清松→云雀；象神→丽琵；榴莲→山竹；尤特→百里嘉；鹿莎→鹦鹉；等），由此可见台风灾害的频繁和严重程度。

火灾

2019年澳大利亚大火

截至2020年1月中旬，澳大利亚2019年9月发生的大火已经整整燃烧了4个多月，炙烤过10万km^2的土地，整个澳洲大陆的几乎三分之一被浓白的烟雾笼罩。2500间房屋坍塌成废墟，29人火海丧生。尽管每年春夏之交南半球的澳大利亚都会迎来火季，然而持续时间如此之长、影响范围如此之广的火灾却并不多见。

美国 Himawari-8 卫星每 10 分钟拍摄一次地球西部。2020 年 1 月 10 日拍摄的卫星照片显示，尽管过去的 4 个月，澳大利亚大火过火面积已经增加至 1030 万公顷，但目前仍有大量着火点（图中红色地区）

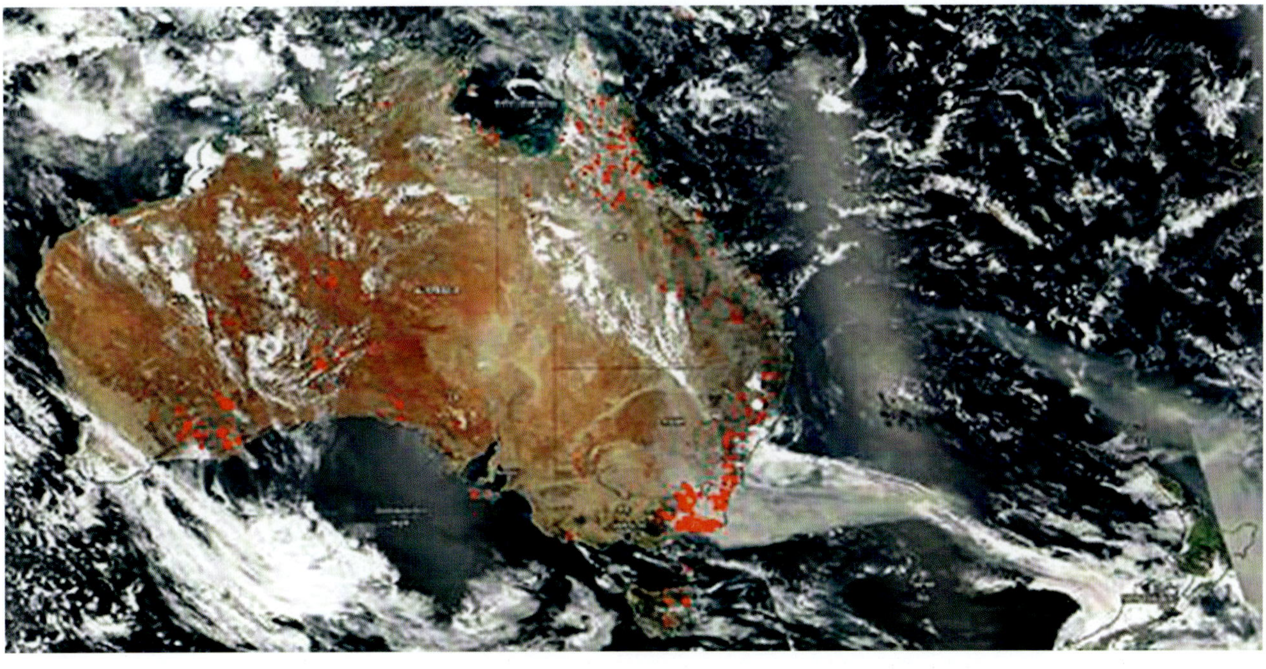

图为火灾三要素：高温、可燃物和氧气（助燃剂）。干旱和高温是造成澳大利亚林火蔓延的重要原因，澳大利亚在 2019 年经历了有记录以来最热的一年，2019 年 12 月 17 日是澳大利亚有史以来最热的一天，全国平均气温高达 40.9℃。澳大利亚遍布着桉树，桉树是最容易着火的树种。着火点过多，在关键时刻没有控制住火势，重重因素加在一起，导致了这次大面积的山火爆发

遭遇大火时，人员可以撤离，但野生动物却不能。悉尼大学发布的报告显示，澳大利亚全国有10亿动物被大火波及。至少5亿动物在火灾中惨死，鸟类也未能幸免。澳洲国宝动物袋鼠有超过2万只在大火中死亡，遭遇近十年最严峻的生死考验。三分之一的考拉丧生。但是，这还并非全部数量，只有在大火停止燃烧并且进行实地调查和评估之后，才会知道动物死亡的真实情况。此外，大火烧毁的植物和植被也在较长时间内难以恢复。

从 2019 年 9 月起始，澳大利亚大火已延续 4 个多月，生态学家估计至少 5 亿动物在火灾中惨死，鸟类也不能幸免于难。大量被烧焦的袋鼠和牛、羊等牲畜的尸体躺在道路的两侧

图为来自中国新闻社的图片，无数只羊葬身火海，用“生灵涂炭”形容这场火灾一点不为过

图为澳洲大火的灰尘笼罩下的悉尼歌剧院，澳洲空气质量快速下降，出现严重的雾霾天气，著名的澳大利亚网球公开赛因此被迫中止

1987年中国大兴安岭大火

1987年在中国大兴安岭（总面积2500万公顷，是中国最大的原始森林）也发生了大的火灾。5.8万名军民奋战28天，才将这场大火彻底熄灭，保全了25万km^2的原始森林和漠河县的7万个家庭。大火必须在刚刚着火时就尽力扑灭，当火场太大时就不是人力能控制了。从某种意义上来讲，澳大利亚的大火可能只有靠天才能熄灭了。

地面塌陷

地面塌陷是指上覆岩层发生破坏，岩土体下陷或塌落在地下空洞中，并在地表形成不同形态的塌坑。重力是塌陷的基本原因，而地下空洞的存在是地面塌陷的基本空间条件。随着地下矿产资源不断加速开采，从而构成了地球内部的多“空区”和多“空洞”现象。当这些地下采空区顶部的岩石强度破坏时，地面塌陷或下沉就发生了。

城市中地下水管的泄漏，带走大量的土壤，形成地下空洞，造成地面的塌陷。随着城市化的进展，地下水管泄漏和冲刷形成的城市地面塌陷越来越多。这是所有城市市政建设面临的新问题。

2020年1月13日，中国青海省西宁公路坍塌

2020年1月13日，中国青海省西宁市南大街发生路面坍塌，一辆公交车陷入其中，9人遇难，多人失联。地面塌陷问题对中国的城市道路带来威胁，也提出了新的减灾任务。

2020年1月13日中国青海西宁公路塌陷，一辆公交车陷入其中

截至2018年，中国城镇化率已接近70%。此前已经建成的城市道路以及眼下正在建设或者即将开建的道路，都需要以结实的“骨骼”让人踏实地行走在上面。那么，给城市道路进行“体检”，或者为未来的“体检”提供完善的条件，或许该成为一项基本要求。比如在日本，20世纪八九十年代，东京、名古屋等城市也频发塌陷事故。1990年，日本在全球率先使用雷达探测技术，在全国范围内进行地下空洞调查，对一

些有风险的空洞进行了工程填补，完工后又建立了定期探测巡查制度，极大地解决了城市道路塌陷的问题。这种“定期探测巡查制度”值得借鉴。2019年3月，中国住房与建设城乡部启动首批“城市体检”试点，长沙、广州、南京等11个城市组成“第一试点方阵”。

陨石坠落

1908年6月通古斯大爆炸

1908年6月30日清晨，在西伯利亚的通古斯河附近（北纬60.55°，东经101.57°）发生了大爆炸。当天早上，在贝加尔湖西北方的人们观察到一个巨大的火球划过天空，其亮度和太阳相当，几分钟后，一道强光照亮了整个天空，稍后爆炸产生的冲击波将附近650km内的窗户玻璃震碎。当时俄国和欧洲的许多地震台，有的远在5000km之外，都记录到了大爆炸产生的地震波。这次爆炸扫平了大约$2000km^2$的森林，烧毁了大量树木，引起的大气冲击波绕地球好几圈。一位驯鹿牧民在爆炸后赶回通古斯去看他那1500只强壮的驯鹿时，只见到了它们烧焦的残体。

当时俄国的沙皇统治正处在风雨飘摇之中，无力对此组织调查。第二次世界大战之后，苏联物理学家卡萨耶夫访问日本广岛，4个月前美国在广岛投下了原子弹。看着广岛的废墟，卡萨耶夫顿然想起了通古斯，两者显然有着众多的相似之处：少数靠近爆炸中心的树没有倾倒，它们

近年来，随着城市化的发展，由于地下水网的漏水，冲出地下空洞，发生地面塌陷，尽管规模不大，但破坏却很大

爆炸效果与约1000万吨级的炸药相当。科学家们估计，这样的陨石坠落大约300年左右才会发生一次。一块陨石体碎块撞击了地球，效果如此轰动，如果晚到8小时，它就可能把伦敦城变成一片瓦砾场。

1908 年 6 月 30 日，发生在俄国西伯利亚地区的通古斯大爆炸夷平了大面积的森林，多数倾倒的树则是向爆炸中心相反的方向倾倒。图为 1927 年一支考察队拍摄的照片，当时通古斯大爆炸已过去 19 年（来源：Smithsonian Institution）

陨石撞击地球。图为美国亚利桑那的陨石坑，直径 1200m，深 180m。在陨石坑发现了罕见的超石英和柯石英，这些物质只有在星体碰撞或核爆炸时才会形成。它是有史以来保存最完好的陨石坑。那次陨石撞击地球产生的能量相当于 2000 万吨 TNT 炸药爆炸产生的能量

减轻自然灾害

■ 自然灾害难以避免，但可减轻

我们生存的地球在不断变化。自然界的异常变化过去曾经发生，今后也会发生。从这点出发来看，自然灾害难以避免。而且，自然灾害对世界的冲击正在与日俱增，理由是清楚的：人口不断增长且向城市集中；社会财富不断增加；新技术不断出现，有些新技术更易受损，易遭破坏的重要设施和脆弱的生命线系统在大量增加；地区、国家乃至国际社会中公众间的相互依存关系日益紧密；所有这些都使得整个世界在自然灾害面前变得更加脆弱。

应用科学技术可以有效减轻自然灾害的影响，包括：增强房屋结构抗御自然灾害的能力，预防灾害；进行灾害预报或发布灾害警报；画出和避开可能发生灾害的地区。另外，采取合适的社会对策可以减轻灾害的影响，如：限制土地利用、制定应急预防措施等。

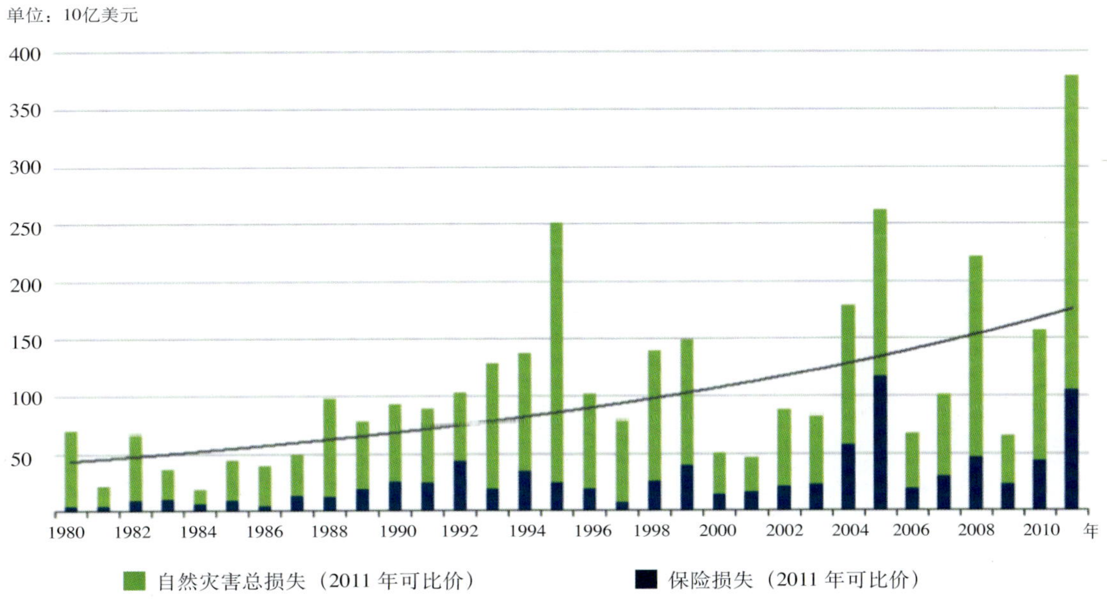

全球自然灾害损失随时间有增加的趋势。图中绿色表示每年的灾害损失，深蓝色表示每年的保险损失，曲线表示自然灾害损失的趋势（资料来源：Munich Re Group，2012）。通过保险、征税和财政拨款把经济损失分摊给更多的人，重建一个较能承受灾害的社会

■ 减轻自然灾害的方法

如何减轻自然灾害对社会的影响呢？不同灾种的特性和减灾防御措施都是有所不同的。但总的来说，减灾主要是三个方面的工作。

首先要对灾害进行危险性评估，如确定灾害类型、特征及后果，以及社会承受灾害的能力。

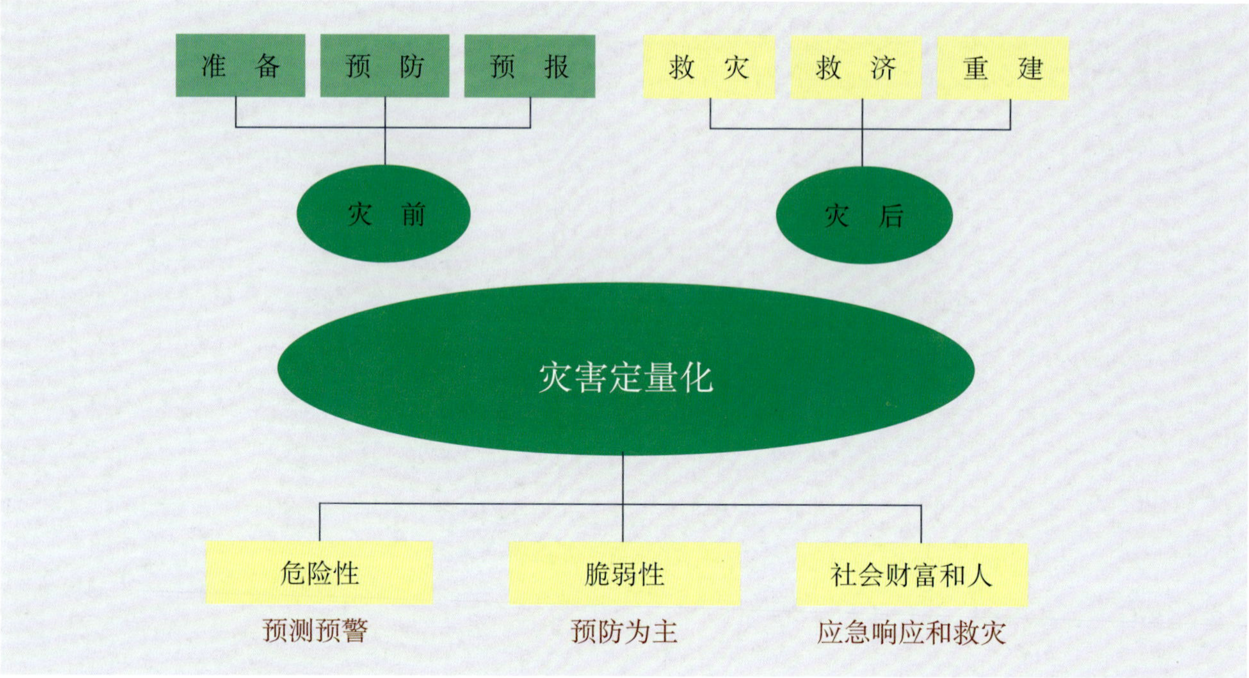

灾害定量化（或称灾害区划）是灾害危险性评估的基础

中国唐代医学家孙思邈说过：大医医未病之人，中医医欲病之人，下医医已病之人。这段文字精辟地说明了预防的重要

其次要做好灾害预防工作，要制定遭到突发的自然灾害时应采取的有效的应急反应预案。

第三是不断增强社会抵御灾害的能力。包括增加结构物的抗震和抗风能力；修建堤坝和障碍物以减少洪水和海啸的影响；起草并实施有关边坡坡度的规范以防止滑坡；灾害预报和警报，减少生命和财产的损失；防止从工程灾害转化为社会灾害。

■ 小灾靠自救，中灾靠互救，大灾靠国家

人类遇到的自然灾害，小灾多，中灾少，大灾则更少 。面对不同等级的自然灾害，减灾的措施也不能完全相同。针对大灾，我们已经有了各个灾种的专业救援队伍，如地震、气象、海洋、地质、公安、消防、交通、市政、卫生等。这种专业救援方式已基本与20世纪末国际上的做法接轨，在灾害管理和应急中起到了很好的作用。

但是，对于那些频繁发生的中灾和小灾（这些灾害的影响多是局部而非全国性的），倘若也要中央政府来直接管理，恐怕不仅难以做到，而且也难以做好。一种较为有效的方式是：小灾靠自救，中灾靠互救，大灾靠国家。

联合国在21世纪开始时提出的减灾口号是：发展以社区为中心的减灾战略。从21世纪开始，中国政府实施了建设“综合减灾示范社区”的行动，到目前为止，已经在全国乡镇建设了近3000 个“综合减灾示范社区”，其在提高社区防灾减灾能力方面起到了良好的示范作用。

普及科学知识，敬畏自然，认识灾害，增强全社会的自救意识，对于科学减灾十分重要。

■ 国际减灾日

自然灾害是当今世界面临的重大问题之一，严重影响经济、社会的可持续发展，威胁人类的生存。联合国于1987年12月11日确定，20世纪90年代为“国际减轻自然灾害十年”(IDNDR)。所谓“减轻自然灾害”，即通过一致的国际行动，特别是在发展中国家，减轻由地震、风灾、海啸、水灾、土崩、火山爆发、森林大火、蚱蜢和蝗虫、旱灾和沙漠化以及其他自然灾害所造成的生命财产损失和社会经济失调。其目标是：增进每一个国家迅速有效地减轻自然灾害影响的能力。

2009年，联合国大会通过决议，决定每年10月13日为“国际减轻自然灾害日”，简称“国际减灾日”。

历年“国际减灾日”主题

1991年	减灾、发展、环境——为了一个目标
1992年	减轻自然灾害与持续发展
1993年	减轻自然灾害的损失，要特别注意学校和医院 Stop disasters: Focus on schools and hospitals
1994年	确定受灾害威胁的地区和易受灾害损失的地区——为了更加安全的21世纪 Protection of Vulnerable Communicities from the Effects of Natural Disasters
1995年	妇女和儿童——预防的关键 Women and Children—the Key to Prevention
1996年	城市化与灾害 Cities at Risk
1997年	水：太多、太少……都会造成自然灾害 Water：Too Much…Too Little…The Main Cause of Natural Disasters
1998年	防灾与媒体——防灾从信息开始 Natural Disaster Prevention and the Media
1999年	减灾的效益——科学技术在灾害防御中保护了生命和财产安全 Prevention Pays
2000年	防灾、教育和青年——特别关注森林火灾 Disaster Prevention: Education and Youth with Special Focus on Forest fires
2001年	抵御灾害，减轻易损性 Countering Disasters: Targeting Vuherability
2002年	山区减灾与可持续发展 Disaster Reducation for Sustainable Mountain Development
2003年	与灾害共存——面对灾害，更加关注可持续发展 Turning the Tide on Disasters towards Sustainable Development

2004年	减轻未来灾害，核心是如何“学习” Learning
2005年	利用小额信贷和安全网络，提高抗灾能力 Invest to Prevent Disaster
2006年	减灾始于学校 Disaster Risk Reduction Begins at School
2007年	防灾、教育和青年
2008年	减少灾害风险 确保医院安全 Hospital Safe from Disaster
2009年	让灾害远离医院
2010年	建设具有抗灾能力的城市：让我们做好准备！ Making Cities Resilient：“My city is getting ready”
2011年	让儿童和青年成为减少灾害风险的合作伙伴
2012年	女性——抵御灾害的无形力量
2013年	面临灾害风险的残疾人士
2014年	提升抗灾能力就是拯救生命——老年人与减灾 Resilience is for Life—Older Persons and Disasters
2015年	掌握防灾减灾知识，保护生命安全
2016年	用生命呼吁：增强减灾意识，减少人员伤亡 Live to Tell：RaisingAwareness，Reducing Mortality
2017年	建设安全家园：远离灾害，减少损失
2018年	减少自然灾害损失，创建美好生活
2019年	加强韧性能力建设，提高灾害防治水平

中国　“5·12”防灾减灾日

2008年5月12日，中国四川汶川发生8.0级特大地震，损失和影响之大，举世震惊。2009年国务院决定，每年5月12日为全国“防灾减灾日”。设立我国的“防灾减灾日”，目的在于提醒全国人民前事不忘、后事之师，更加重视防灾减灾，努力减少灾害损失。

日本　“3·11”国家灾难防治日

日本政府在遭受严重的海啸灾害后决定，自2012年起，每年3月11日定为“国家灾难防治日”。

由自然灾害造成的死亡和毁灭的场景，像印度尼西亚2004年印度洋海啸、2008年中国汶川大地震、2011年日本大海啸等，常常会浮现在社会公众的眼前，现在已经到了将自然灾害看作一个全球性问题的时候了。科学技术的进展为处理减轻灾害问题提供了机遇，社会有效的灾害应急管理增加了减灾的实效。

本书旨在介绍一些自然灾害的成因，分享已经取得的有关减轻自然灾害及其影响的知识，一个更安全的世界等待我们共同创建。

致谢

中国地震局公共服务司、中国地震局发展研究中心、中国地震局科学技术委员会、地震出版社在创作和出版过程中给予了多方帮助和大力支持，作者对此表示衷心的感谢！